《灵武市地下水饮用水源供水保障研究》编委会

主　编

童彦钊　吴　平　李　英

编　委

韩强强　任光远　马晓亮　卓　悦　段晓龙　徐兆祥

李　阳　郭舜强　马学伟　张一冰　朱　薇　杨丁怡

LINGWUSHI DIXIASHUI YINYONG SHUIYUAN
GONGSHUI BAOZHANG YANJIU

灵武市地下水饮用水源
供水保障研究

童彦钊 吴 平 李 英 / 主编

黄河出版传媒集团
阳 光 出 版 社

图书在版编目（CIP）数据

灵武市地下水饮用水源供水保障研究 / 童彦钊，吴平，李英主编. -- 银川：阳光出版社，2023.3
ISBN 978-7-5525-6761-8

Ⅰ.①灵… Ⅱ.①童… ②吴… ③李… Ⅲ.①饮用水－地下水资源－供水水源－研究－灵武 Ⅳ.
①TU991.11

中国国家版本馆CIP数据核字（2023）第051620号

灵武市地下水饮用水源供水保障研究　　　童彦钊　吴　平　李　英　主编

责任编辑　胡　鹏
封面设计　晨　皓
责任印制　岳建宁

黄河出版传媒集团
阳 光 出 版 社　出版发行

出 版 人　薛文斌
地　　址　宁夏银川市北京东路139号出版大厦（750001）
网　　址　http://www.ygchbs.com
网上书店　http://shop129132959.taobao.com
电子信箱　yangguangchubanshe@163.com
邮购电话　0951-5014139
经　　销　全国新华书店
印刷装订　宁夏凤鸣彩印广告有限公司
印刷委托书号　（宁）0025784

开　　本　787mm×1092mm　1/32
印　　张　4
字　　数　110千字
版　　次　2023年3月第1版
印　　次　2023年3月第1次印刷
书　　号　ISBN 978-7-5525-6761-8
定　　价　85.00元

宁夏水文地质环境地质勘察创新团队简介

　　"宁夏水文地质环境地质勘察创新团队"（以下简称"团队"），是由宁夏回族自治区人民政府于2014年8月2日批准成立。专业从事水文地质调查、供水勘察示范、环境地质调查、地质灾害调查、地热资源勘察、矿山环境治理等领域研究，通过不断加强科技创新能力建设，广泛开展政产学研用结合，攻坚克难，在勘察找水、水资源评价、生态环境调查评价与环境评估治理等方面取得了一系列重大成果。团队集中了宁夏地质局系统60余位水工环地质领域科技骨干，依托地质局院士工作站、博士后科研工作站、中国地质大学（北京、武汉）产学研基地以及"五大业务中心"等科研平台，结合物化探、实验检测、高分遥感测绘等新技术新方法，较系统地开展了区内外水文地质环境地质勘察领域科技攻关，累计承担国家和宁夏回族自治区各类科技攻关项目30项，获得国家和宁夏回族自治区各类奖励8项，发表科技论文126篇，出版专著8部。经过几年来的努力发展，团队建设日益完善，已形成以团队带头人为核心，以专家为指导，以水工环地质领军人才为主体的综合优秀团队，引领宁夏回族自治区水文地质环境地质工作健康蓬勃发展，持续为宁夏回族自治区民生建设、生态环境建设、城市及重大工程建设、防灾减灾、环境治理与保护提供着有力的科技支撑与资源保障。

前　言

　　地下水资源是保障城乡居民用水和经济社会发展的重要水源。灵武市地下水储量相对缺乏，特别突出的是水质型储量缺乏。当前城市生活用水、工业企业用水均取自灵武市南部5 km崇兴水源地地下水，该水源地是1998年11月勘探评价提交的可开采地下水资源量2万 m³/d中型水源地。但随着灵武城市化、工业化快速建设发展，现状开采2.3万 m³/d地下水，开采率已达115%，已无法满足全市5.3万 m³/d的用水量需求。经有关单位测算，2020年灵武市城乡饮水年缺水量1574万 m³，到2030年年缺水量达到3640万 m³。现状单靠崇兴水源地供水必将不能满足经济社会发展需要，缓解城市短期缺水和解决长期缺水问题已成为灵武市政府关注的头等大事。

　　本书通过研究灵武市平原区水文地质条件，系统运用供水水文地质学、水文地球化学、地下水动力学等理论知识，采用水文地质调查、地球物理勘查、水文地质钻探和水质化验分析等工作手段，对研究区的地下水空间分布和运移规律进行研究，查明了研究区的水文地质条件，计算了地下水资源总量及可开采资源量，圈定了供水水源地，并提出了水源地开采方案。可为灵武市解决城乡供水紧张局面提供中期可靠的水文地质依据。

通过研究查明了勘探区范围内埋深260 m以上潜水含水层、承压含水层的岩性、厚度、水质、水量及补、径、排条件。

第Ⅰ含水岩组含水层厚度一般为25~50 m，在灵武市附近厚度最大，向南逐渐变薄，水位埋深1.12~5.84 m，一般可致使地下水具有微承压性，地下水流向基本呈南东-北西向，该含水岩组富水性好，出水量一般大于2000 m³/d。该层水水质变化较大，溶解性总固体含量0.5~4.5 g/L，氟化物含量0.2~5.89 mg/L。由于其埋藏浅，且易受污染，故不能作为开采目的层。

第Ⅱ含水岩组顶板埋深35~55 m，底板埋深140~160 m，该层水富水性较强，单井出水量2700~4700 m³/d。大部分地段水质较好，溶解性总固体含量0.36~1.23 g/L，氟化物含量0.98~1.48 mg/L，在新华桥北部氟化物含量只有0.2~0.47 mg/L，水质好，分布面积较大，水质除个别次要离子超标外，大部分主要离子完全满足生活饮用水水质标准，是本次勘探主要目的层。

第Ⅲ含水岩组埋深160 m以下，275 m以上。分布范围与第一承压含水岩组基本一致。含水层厚度一般65~110 m，富水性强，单井出水量2500~3800 m³/d，水质也相对较为复杂，个别孔水质较好，溶解性总固体含量0.61~1.024 g/L，在水源地布井区西部靠近黄河南北向氟化物含量相对较低，只有0.26~0.29 mg/L，但在布井区东北部灵武农场二队一带达到3.76 mg/L，锰离子明显超标；在布井区东南部也达到1.22 mg/L，锰离子也明显超标。水质主要离子基本满足生活饮用水卫生标准，因此第Ⅲ含水岩组也是今后灵武市后备水源地有待进一步勘探开发的可供选择地段。

通过均衡法和数值法计算，设计水源地开采条件下补给量分别为5.116万 m³/d 和4.91万 m³/d，地下水总开采量为4.8万 m³/d，开采条件下总补给量基本大于总开采量，水源地开采量有保证。评价的允许开采量满足《供水水文地质勘察规范》（ GB50027—2001 ）"B"级精度的要求。

通过对地下水质量预测评价，水源地运行20年后，除个别次要离子超标外，主要离子完全适用于集中式生活饮用水水源。第Ⅱ含水岩组地下水各项补给量水质溶质混合后，溶解性总固体为0.927 g/L，氟离子为0.885 mg/L。

由于编写时间紧迫，作者水平有限，书中难免存在不妥之处，敬请广大读者批评指正。

目　录

第1章 研究区概况

1.1 自然地理

1.1.1 地理位置

研究区在银川平原南端，灵武市的西侧、青铜峡黄河冲积扇北部，行政区划属灵武市崇兴镇、灵武农场所辖。研究区内交通较为便利，银榆高速公路、盐中高速公路、211国道、307国道、大古铁路纵横交织，市内随着环城路的建设，将形成三纵六横的城市道路网络。研究区北部的河东机场与北京、上海、广州、武汉、成都、西安等城市有定期航班，是宁夏最大的民航机场。

1.1.2 气象水文

（1）气象

研究区气候具有干旱、半干旱大陆性气候特点，干旱少雨、蒸发强烈，日照充足，风大沙多，四季变化明显。根据气象资料，多年平均降水量为207.7 mm，且多集中于6、7、8、9四个月；多年平均蒸发量为1844.3 mm，是降水量的8.9倍（如图1-1）。

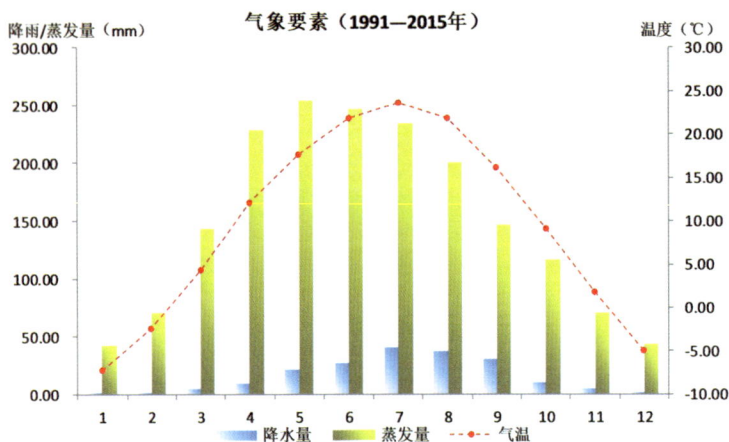

图1-1　研究区气象要素图

（2）水文

研究区西邻黄河，黄河多年平均径流量266亿 m^3。丰水期多年平均流量3440~3570 m^3/s，枯水期流量为300~400 m^3/s，最小流量为100 m^3/s；勘探过程中在流经研究区的黄河上、中、下游三段分别取水样各一组，经水质分析黄河水样品中除硝酸盐（＞9 mg/L）、亚硝酸盐（＞1.6 mg/L）超标外，其他化验离子均未超标。

山水沟（苦水河）发源于甘肃环县，由五里坡流入平原仅从研究区西南角新华桥注入黄河，河长203 km，年均径流量1250万 m^3。流经第三系出露地层，水质差，根据野外调查取样结果显示，溶解性总固体含量为4.186 g/L，氟化物含量为1.85 mg/L。

研究区内主要渠道有秦渠、农场渠、梧干渠。排水沟主要为西排水沟、龙须沟、东排水沟。渠道每年4月下旬春灌放水，至9

月下旬停水，10月下旬至11月下旬再次放水冬灌。灌溉余水部分入渗补给地下水，部分流入排水沟，最后回归黄河（图1-2）。龙须沟为主要流经布井区的一条排水沟，调查水样取自春灌期，受田间灌水影响，溶解性总固体含量 < 1 g/L，但硝酸盐和亚硝酸盐明显超标。

1.2 地形地貌

1.2.1 地形

银川平原得益于黄河水的灌溉补给，成为宁夏地下水资源最为充沛的储水盆地之一。研究区西侧，黄河沿南西—北东向流过，研究区内引黄河水灌溉农田，成为该区主要的地下水补给来源。行政区划上属崇兴镇、郝家桥镇管辖。地形平坦开阔，地面坡度0.3‰~0.8‰，农田分布较广，渠系发达，湖沼是该地貌单元一大特征。吴灵平原是银川平原引黄灌区的一部分，农田成网，沟渠纵横，交通便利，主要种植水稻、玉米、蔬菜和果树。河东灌区更是灵武市重要的农业生产基地和蔬菜供应基地。

1.2.2 地貌

本次研究区按区域地貌成因和形态类型，可归属为台地、断陷盆地两种地貌类型，研究区重点为银川断陷盆地，它是银川平原的主体，由黄河冲积和湖积形成，海拔高度1116~1125 m。沿黄河两侧依次为黄河漫滩、一级阶地、二级阶地，二级阶地分布面积最广。东侧为鄂尔多斯西缘灵盐台地，海拔1300~1600 m，台地

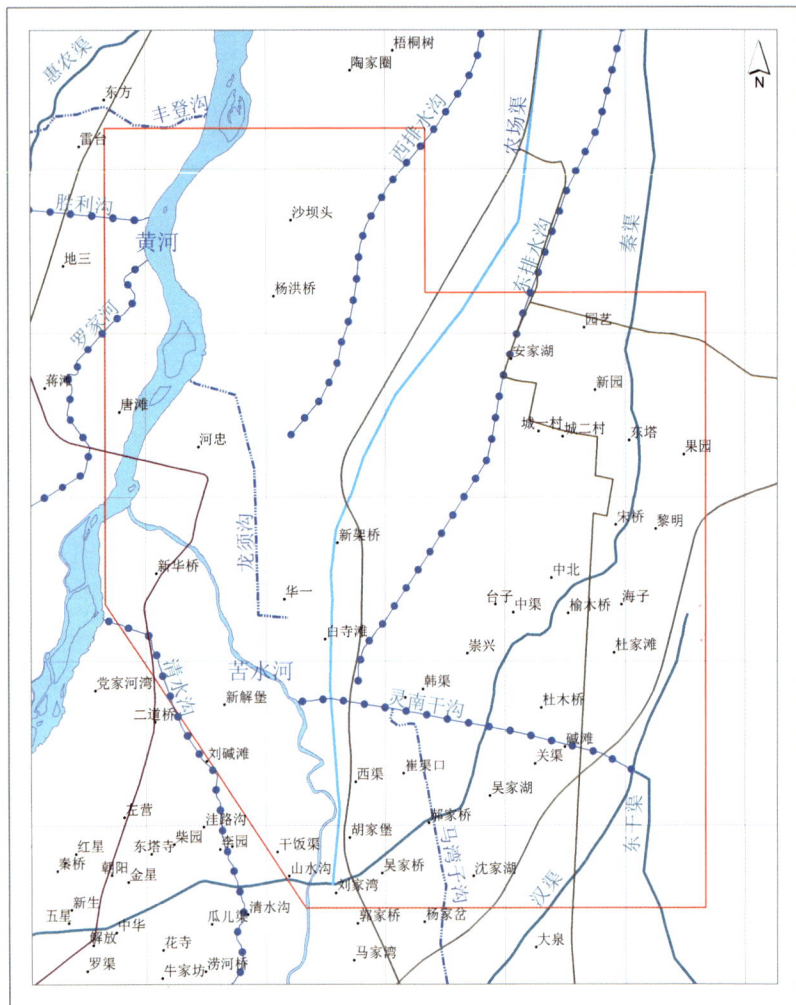

图1-2　灵武市水系分布图

边缘以陡坎与银川平原相连。灵武市及周边的地貌类型见（图1-3），主要为河湖积平原二级阶地、西南侧小部分为洪积平原，东侧为鄂尔多斯西缘灵盐台地，地形起伏，为固定或半固定沙丘。

1.3 地质条件

1.3.1 地质

研究区内第四系分布广泛，在灵武市西侧崇兴镇—灵武市南北一线第四系厚度大于520 m，往西厚度增大，在梧桐树乡杨洪桥村二队钻孔 YE07 896.87 m 未能揭穿。向灵武市东边缘逐渐变薄，杜木桥—东塔镇南北一线（黄河大断裂附近）第四系厚度只有400 m。全新统上部洪积层，主要分布在灵武市东侧黄河断裂两侧。构成山前洪积扇及洪积斜平原，以灰黄色砂砾石层为主，其次为粘砂土、粉砂。全新统冲湖积层，研究区内广泛分布。经过古地磁、7C–14、ESR 三种测年龄数据的相互结合判定，通过对钻孔 YE07的综合分析和对比研究，将 YE07孔按照年代划分，45.9 m 为全新世底界；261.43 m 为上更新世底界；261.43 m 至钻孔底未见中更新世底界。

上部全新统地层埋深0.0~7.0 m，沉积物以细砂为主；7.0~45.9 m，沉积物以砂砾石为主，砾石间由泥沙质充填，砾石磨圆度、分选性均较好。

上更新世地层埋深45.9~261.43 m，沉积物以灰褐色细砂、粉细砂为主夹有粘砂土、砂粘土薄层，具明显的水平层理；在214.35~261.43 m 处，沉积物以砂砾石为主，砾石间由泥沙质充填，

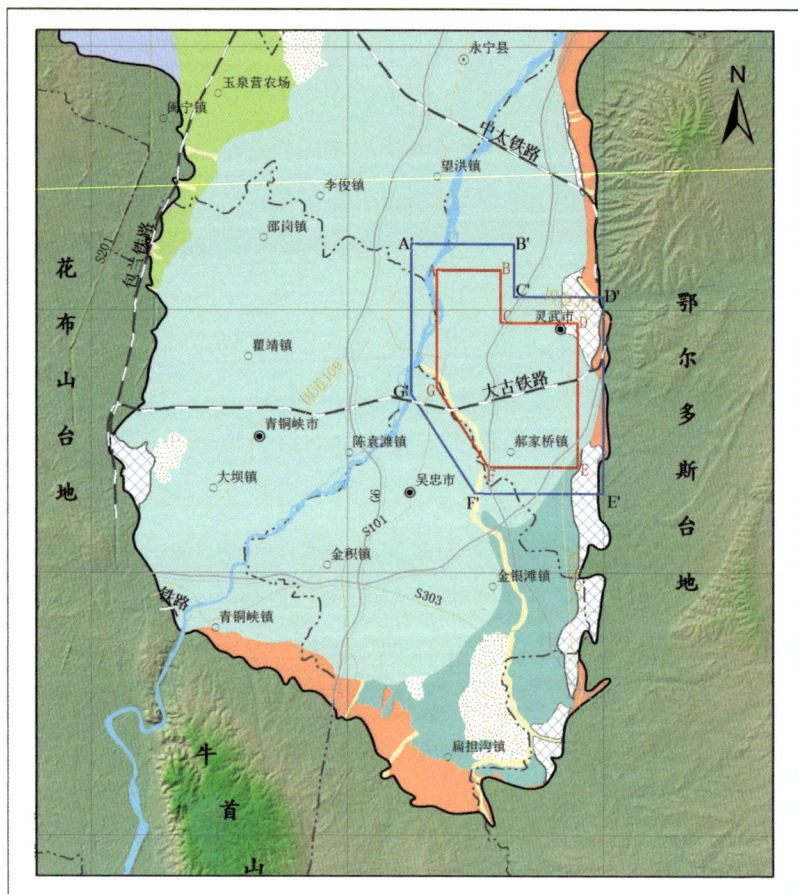

图例

		地貌类型		冲湖积平原		冲洪积台地
勘探区	国道		黄河	风积沙丘		冲沟
调查区	省道		山前洪积斜平原	三角洲冲洪积平原		近代洪积扇
行政界线	铁路		冲洪积平原	丘陵台地		
高速公路	银川平原边界					

图1-3 地形地貌图

砾石磨圆度较高。

中更新世地层埋藏261.43 m以下至孔底，沉积物以黄绿、蓝灰及黑色细砂、粉细砂、中砂为主，夹有粘土、粘砂土薄层，具明显的水平层理；中部为黄绿、蓝灰及黑色淤泥及碳质条带；细砂具明显的交错层理，第四系沉积物以冲湖积为主。

水平方向上冲积物在青铜峡峡口为卵砾石，向下游渐渐过渡为中细砂和粉细砂夹粘性土，越往下游粘性土层数增多厚度增加逐渐过渡到冲湖积沉积区。

1.3.2 构造

银川盆地在构造上属贺兰山断褶带的次级构造，与鄂尔多斯台地西缘褶皱带相接，是新生代以来形成的新生代地堑式的断陷盆地（据宁夏地质志）。受新生代北北东向构造应力场作用，盆地在东西向横剖面上呈地堑式的断阶状下落，形成中部断落较深，向两侧以断阶状或斜坡状抬升，东缓西陡的新生代地堑断陷盆地，盆地第三、第四系发育良好。银川盆地地处阿拉善地块与鄂尔多斯地块之间，大体上呈北北东走向，盆地东西边界分别受控于黄河及贺兰山东麓活动性大断裂，内部分布有银川—平罗断裂、芦花台活动断裂等，分别归属于祁吕贺兰山字型脊柱—贺兰褶皱带和北北东向新华夏构造体系。在水源地研究区附近分布的主要断裂为：黄河断裂南端（灵武断裂），展布于灵武东山西麓一带的山地与第四系洪积扇之间，为北北东向或近南北向的断面西倾的正断层。断层东盘为白垩系，西盘为古近系—新近系地层（图1-4）。

图1-4　构造纲要图

第2章　水文地质条件

2.1　地下水类型及含水岩组划分

研究区属银川平原的一部分（图2-1），据前人物探、钻探及遥感解译，银川平原属新生界断陷盆地，古近系、新近系、第四系地层发育良好，其中第四系最大厚度达2400 m。

物探工作测试在灵武、新华桥、崇兴、郝家集工作区第四系地层沉积厚度均大于500 m，沉积了大厚度以中细砂及粉细砂为主的河湖相松散沉积物，为地下水的赋存和运移提供了良好的空间，储存了丰富的地下水资源。按银川平原区域性划分含水岩组的惯例，将研究区内0~270 m深度内地层划分为三个含水岩组（图2-2）。从上至下，代号为Ⅰ、Ⅱ、Ⅲ，其中第Ⅱ含水岩组为主要勘察目的层，第Ⅲ含水岩组只做部分水质、水量的勘探了解。将0~55 m区间内的微承压水含水层，划分为第Ⅰ含水岩组；将55 m以下，160 m以上的承压层，划为第Ⅱ含水岩组；将160 m以下，270 m以上的承压含水层划为第Ⅲ含水岩组。

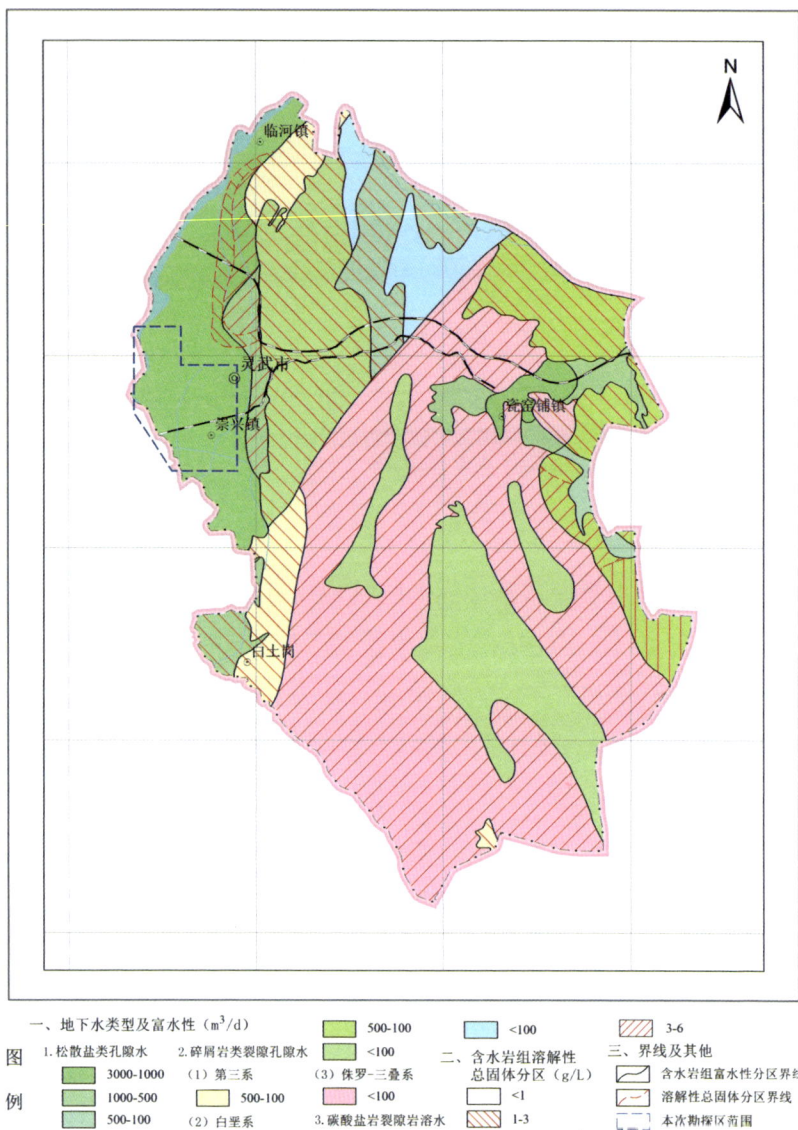

图2-1　灵武市水文地质图

图例

一、地下水类型及富水性（m³/d）

1. 松散盐类孔隙水　　2. 碎屑岩类裂隙孔隙水

3000-1000	（1）第三系
1000-500	（2）白垩系
500-100	

500-100　　<100

3. 碳酸盐岩裂隙岩溶水

（3）侏罗-三叠系　<100

二、含水岩组溶解性总固体分区（g/L）

<1　　1-3　　3-6

三、界线及其他

含水岩组富水性分区界线

溶解性总固体分区界线

本次勘探区范围

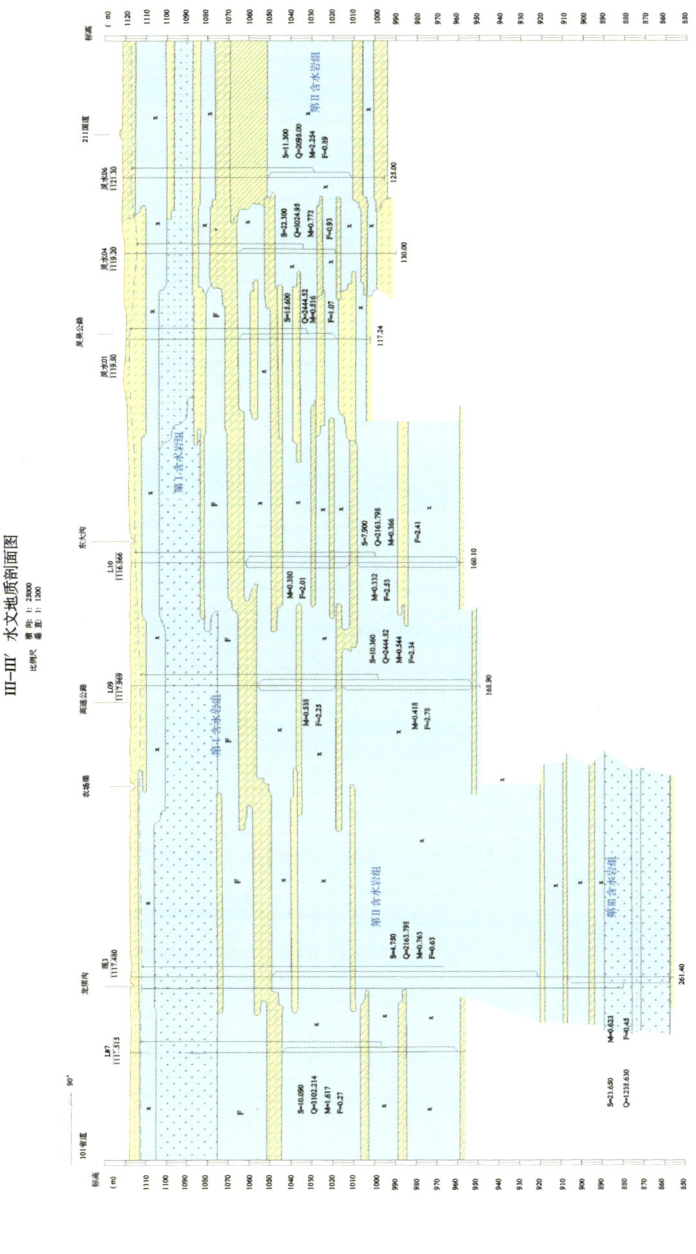

图2-2 含水岩组水文地质剖面

2.2 含水岩组涌水量的统一换算

为了勾划水源地富水性界线，将潜水、承压水以统一降深 10 m，换算口径305 mm 时的单井涌水量（m³/d）表示。其换算方法：先利用二次降深的稳定流抽水资料确定出曲线类型，再按实际井径求出降深10 m 时的单井涌水量，然后按下式换算为305 mm 时的最大涌水量。

$$Q_{\text{井 max}}=Q_{\text{孔}}\sqrt{D_{\text{井}}/r_{\text{孔}}}$$

式中：

$Q_{\text{井 max}}$——降深10 m，井径305 mm 的单井最大涌水量；

$Q_{\text{孔}}$——钻孔降深10 m 时单井涌水量；

$D_{\text{井}}$——305 mm 井径；

$r_{\text{孔}}$——实际钻孔管材口径。

2.3 赋存条件

2.3.1 上覆潜水（第 I 含水岩组）

第 I 含水岩组分布着少量不连续的粘性土层，该含水层厚度一般为25~50 m，在灵武市附近厚度最大，向南逐渐变薄，中间有 1~2层浅灰色、深灰色中细砂及卵砾石组成，粒径一般1~2 cm，最大可达10 cm。地表普遍覆盖5~10 m厚粘砂土，水位埋深 1.12~5.84 m，一般可致使地下水具有微承压性，地下水流向基本上为呈南东—北西向，在调查区东北地下水流向呈东—西向，且地下水水力坡度较缓，地下水流速较慢。该含水岩组富水性好，出水量一般大于2000 m³/d。该层水水质变化较大，溶解性总固体含量0.5~4.5 g/L，氟化物含量0.2~5.89 mg/L。

2.3.2 第 II 含水岩组

第 II 含水岩组又称第一承压含水岩组，顶板埋深55 m以下，底板埋深140~160 m，是勘探主要目的层。第一承压含水岩组与上覆潜水之间有分布较连续的粘性土（砂质粘土、粘质砂土、粘土），厚度变化较大，一般3~10 m，最厚15 m。含水岩组一般由2~5个相互具有水力联系的含水层构成，它们之间有极不稳定的粘性土夹层，连续性差，地下水体相互贯通。第一承压水含水组含水层厚度一般为70~85 m，平均厚度71.5 m。含水层岩性主要为细砂、粉细砂和少量中砂。水位埋深多在0~2.85 m，在 L11孔处高出地面1.0~1.2 m。以灵武市城区以南为中心形成降落漏斗。

该层水富水性较强，单井出水量可达2700~3700 m³/d（详见图2-3）。大部分地段水质较好，溶解性总固体含量为0.36~1.23 g/L，氟化物含量0.98~1.48 mg/L，在新华桥北部氟化物含量只有0.2~0.47 mg/L，但溶解性总固体含量0.934~1.414 g/L。研究区内氨氮离子普遍超标。

勘探中在垂直方向上将第 II 含水岩组55~160 m划分两个抽水试段，利用95~120 m处且在水平方向分布基本连续、稳定，厚度2~10 m的粘性土层，分上、下试段，并进行了混合、分段抽水试验。抽水结果表明：第 II 含水岩组上试段，含水层单井出水量2200~2600 m³/d，溶解性总固体含量0.437~0.474 g/L，氟化物0.9~1.10 mg/L。下试段，含水层单井出水量2000~2800 m³/d，溶解性总固体含量0.324~0.733 g/L，氟化物1.10~1.30 mg/L。上试段比

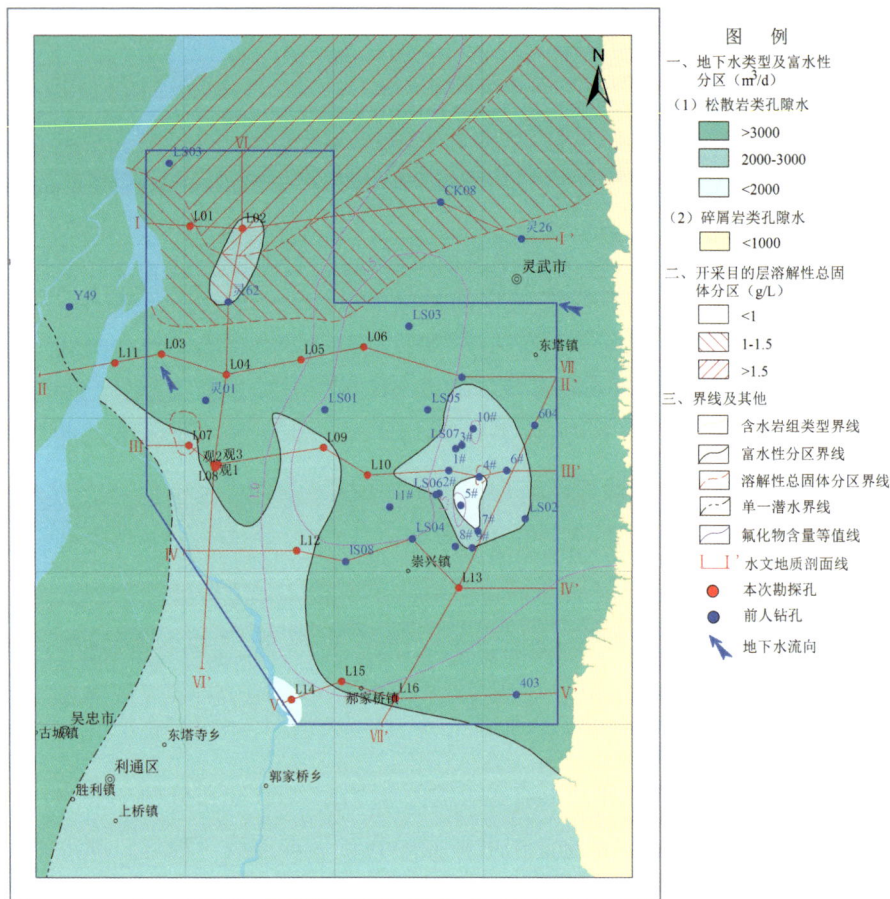

图2-3 研究区水文地质图

下试段氟化物含量要相对较低。

2.3.3　第Ⅲ含水岩组

第Ⅲ含水岩组顶板埋深160 m以下，底板埋深250~275 m的含水岩组划分为第二承压水含水岩组（又称第Ⅲ含水岩组）。分布范围与第一承压含水岩组基本一致。第二承压含水组含水层厚度一般65~110 m，由2~3层浅灰色、深灰色粗砂、粗细砂及粉细砂组成。间夹1~2层灰色或棕褐色砂粘土薄层透镜体，单层厚度1~5 m。

该层含水岩组地下水具有承压性，压力水头埋深+1.46~0.70 m，局部高出地面1.50 m，富水性强，单井出水量可达2500~3800 m³/d。通过研究区五个孔资料显示，溶解性总固体含量0.61~1.024 g/L，水质较好，在水源研究区西部靠近黄河南北向氟化物含量相对较低，只有0.26~0.29 mg/L，氟化物含量在研究区东部较高，一般含量在2.6 mg/L左右，在东北部灵武农场二队一带达到3.76 mg/L，锰离子明显超标。在布井区东南部也达到1.22 mg/L，锰离子也明显超标。推测由南向北、由西向东有逐渐增高之势。含水岩组底板埋深250~275 m，岩性为灰色、棕褐色砂粘土，单层厚度1~2 m，局部地段大于18 m（未揭穿），于水平方向分布连续性较好。

2.4　地下水补径排条件

地下水的补、径、排条件，受研究区内地层及水文地质条件的制约。地下水的补给主要由垂向入渗补给和侧向径流补给组成。

第Ⅰ含水岩组垂向入渗补给包括大气降水入渗和渠系、田间引黄灌溉入渗补给，而侧向补给是接受南部、东部丘陵台地地下水侧向径流、洪水散失入渗补给。研究区南高北低、东高西低，农场渠由南向北纵穿研究区，控制了地下水自南东向北西流动原始流动方向（图2-4）。在天然状态下由于地下水水力坡度极小，径流极为缓慢，几乎处在"停滞"状态，因而地下水侧向径流补给极弱。地下水排泄方式是以地表植物叶面蒸腾、湖水蒸发、侧向径流、少量人工开采及排水沟排水等形式排泄。

第Ⅱ含水岩组地下水的补给直接和第Ⅰ含水岩组各种补给来源的补给量大小存在着密切的水力联系。在开采状态下垂向上接受上伏潜水越流和下伏第Ⅲ含水岩组的顶托补给，Ⅱ、Ⅲ含水岩组之间还存在着干扰及垂向越流相互补给，并能形成一个以井群为中心的降落漏斗。在侧向上水力坡度发生变化后，还能夺取四周含水岩组的侧向补给和相邻含水岩组垂向越流补给，吸引所处天然状态下的第Ⅰ含水岩组的部分蒸发量及侧向径流排泄量转化为第Ⅱ、Ⅲ含水岩组的垂向越流补给量。在天然状况下，地下水的径流方向根据前人钻孔资料显示，同第Ⅰ含水岩组，即南东向北西方向径流（图2-5）。而排泄方式大多是以井群人工开采为主，在目前研究区内第一水厂开采量已达2.3万 m^3/d。

第Ⅲ含水岩组地下水同第Ⅱ含水岩组地下水有一定的水力联系，通过物探及钻探资料显示，Ⅱ-Ⅲ含水岩组之间有1~2 m厚的隔水层，局部虽然也有10 m厚，但在水平方向上存在着不连续性，地下水往往通过"天窗"或者弱透水层致使两者有互相越流补给的关系。因此，第Ⅲ含水岩组地下水的补给来源主要是第Ⅱ含水岩组的越流补给。地下水未开采，在自然条件下基本处在停

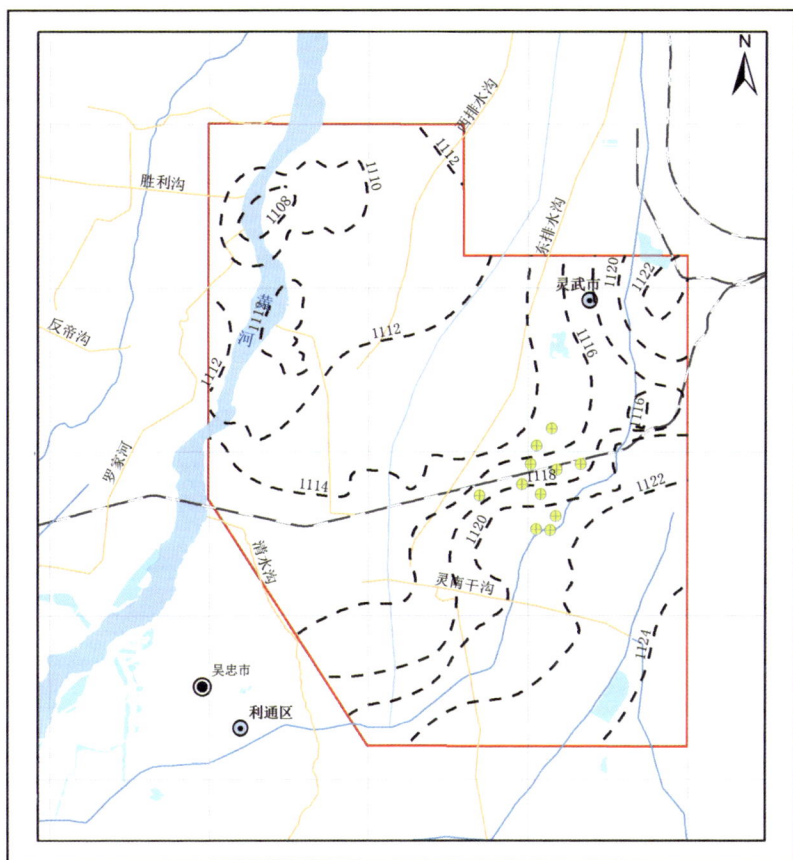

图 例

- ⊕ 原崇兴镇水源地开采井
- ── 干沟
- ── 干渠
- ── 铁路
- ─ ─ 潜水水位
- ── 支干沟
- ── 支干渠
- ▭ 调查区

图2-4　Ⅰ含水岩组等水位线图

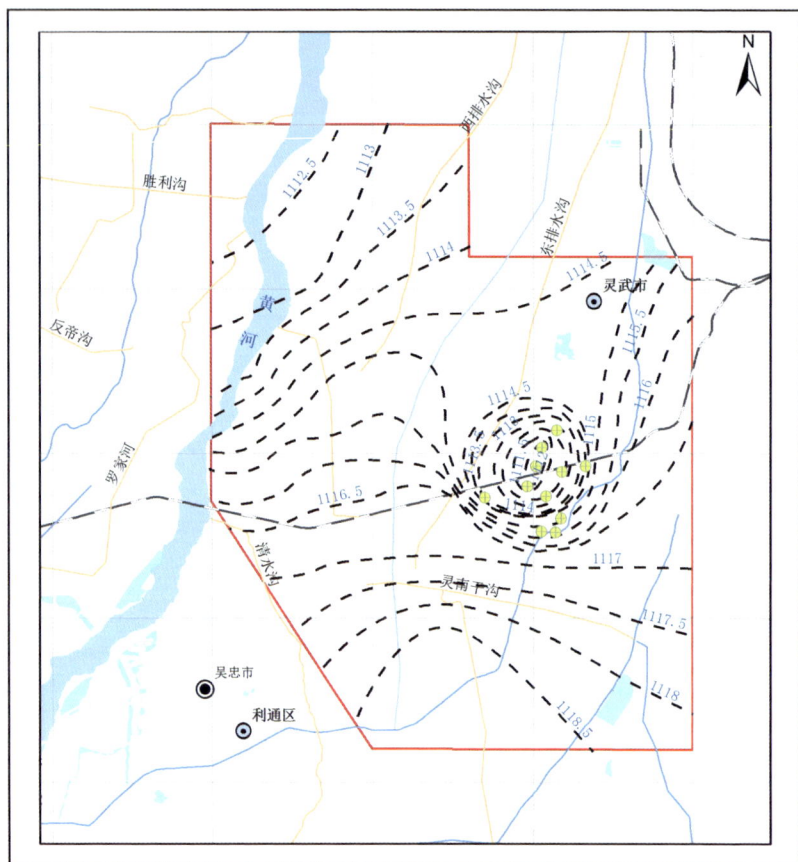

图例

⊕ 原崇兴镇水源地开采井　　── 干沟　　── 干渠　　── 铁路

- - - 第Ⅱ含水岩组等水压线　── 支干沟　── 支干渠　▭ 调查区

图2-5　Ⅱ含水岩组等水压线图

止状态。排泄方式主要是侧向排泄。

2.5 地下水水化学特征

2.5.1 潜水（第Ⅰ含水岩组）水化学特征

野外调查工作取得了数量较多的水质资料，这些水样多以潜水为主，并对研究区内主要河流、排水沟取全分析水样，主要用来分析浅层水对主要开采目的层水质的影响。按照舒卡列夫分类法基本上可以确定研究区内浅层地下水的水化学特征：通过调查区范围内的73组简分析水样和13组全分析水样分析，在研究区范围内主要以重碳酸－硫酸－钠镁型（HSnm）水分布较广，但在东部台地附近主要以硫酸－氯化物－钠型水（SCn）为主，在崇兴镇、郝家桥、杜木桥一带水化学类型则以重碳酸－硫酸－钠钙镁型水（HSncm）为主并具有明显的带状分布特征，与地下水等水位线较一致。可见潜水水化学特征受东部台地补给影响较大。另外，东北部水化学类型为重碳酸－硫酸－氯化物－钠型水（HSCn），通过地下水等水位线图分析，东北部地下水水力坡度相对较陡，流向为东西向。在研究区中部（龙三村至灵武农场一带）地下水等水位线相对稀疏，水力坡度相对变缓，对应地下水流速变慢。证明浅层地下水水化学特征受流向及流速影响，来自台地的离子在中部地区逐渐富集，这也是造成潜水溶解性总固体和氟化物含量显著超标的主要原因。

2.5.2 承压水（第Ⅱ、Ⅲ含水岩组）水化学特征

（1）第Ⅱ含水岩组

野外钻探工作中各类钻孔共布置19眼，其中18眼井在抽水试验阶段对第Ⅱ含水岩组水样进行了水质全分析＋有毒、五毒检测。另外，亦收集了前人勘探过程中的部分水样检测结果，用舒卡列夫分类法绘制了水化学图，基本确定了第Ⅱ含水岩组地下水的水化学特征。通过勘探取得的资料，结合原水源地报告分析，第Ⅱ含水岩组水化学特征相对明显，具有一定的规律性。

研究区东南，具体位置为郝家桥乡—杜家滩，水化学类型主要以重碳酸－硫酸－氯化物－钠镁型水（HSCnm）为主，可将该区域划为地下水径流速度相对较快的补给区，补给来源为大泉三角洲冲洪积平原地区地下水。

研究区东北部至中部，具体位置为灵武市城区——龙三村，水化学类型主要以重碳酸－钠型水（Hn）为主，结合等水压线图可以看出，可将该区域划为地下水径流速度相对较缓的补给—滞留区，且主要侧向补给来源为灵武市东部鄂尔多斯西缘灵盐台地。这也是造成灵武市东北部地区氟化物含量显著超标的主要原因。

研究区西南部至北部，具体位置为新华桥—杨洪桥乡，水化学类型主要以重碳酸－硫酸钠型水（HSn）和重碳酸－硫酸氯化物钠型水（HSCn）为主，结合等水压线可以看出，可将该区域划为地下水流速相对稳定的径流区。

研究区西北部，具体位置为新华桥种苗场，水化学类型为硫酸－氯化物－钠钙型水（SCnc）。该区域地下水排泄至黄河，可将该区域划为地下水排泄区。

整个研究区范围内第Ⅱ含水岩组水化学类型分布呈明显的条带状分布。

（2）第Ⅲ含水岩组

钻探揭露第Ⅲ含水岩组的钻孔有 L03、L06、观3、L14、L16孔。分别取水样进行了检测，通过分析对比以上5组水样，第Ⅲ含水岩组与第Ⅱ含水岩组水化学类型在垂向上呈现出一致性，由于Ⅱ－Ⅲ组间隔水层相对较薄（1.6~5.75 m），认为Ⅱ、Ⅲ含水岩组之间可能存在着一定的联系，但由于Ⅱ、Ⅲ组溶解性总固体含量、氟化物含量在垂向上却有一定差异，据此推测Ⅱ－Ⅲ组间的隔水层不连续。

2.6　高氟地下水成因分析

氟是人体正常代谢的必须微量元素之一，与人类健康密切相关。人体每日需氟量约0.3~4.5 mg，主要来源于饮水和食物，其中2/3来自于饮水，1/3来自于食物。一般饮水中的氟比食物中的氟易被人体吸收，世界卫生组织（WHO）认为地下水中氟含量在0~0.5 mg/L会导致牙龋齿，浓度在1.5~5 mg/L会导致氟斑牙，浓度为3~6 mg/L时，就会产生氟中毒，引起骨骼变形，也就是氟骨病。世界卫生组织制定的《饮用水水质准则》规定氟含量的限值为1.5 mg/L，我国饮用水卫生标准（GB5749—2006）和地下水质量标准（GB/T14848—93）均规定，生活饮用水中氟的允许浓度为1 mg/L，最适宜范围为0.5~1 mg/L。

工作区位于宁夏灵武市，气候干旱，水资源短缺，是灵武市饮水的主要供水水源，但由于高氟地下水的存在，使得水资源的短缺问题更加突出，严重制约着当地的经济发展，为此，在项目开展的同时，开展了高氟地下水分布规律及其成因研究，以此来指导区域地下水的合理开发利用，同时为居民饮水安全提供保障。

2.6.1　高氟水统计特征

通过分析潜水和第一承压水中氟的浓度状况，得出各种类型地下水样品在潜水及第一承压水中所占的比例（表2-1），总体来说，工作区高氟地下水所占比例较小，以中低氟浓度地下水为主。

表 2-1　工作区潜水及第一承压水样品分类统计

地下水类型	样品数	F<1mg/L		F（1~1.5）mg/L		F（1.5~2）mg/L		F>2mg/L		最大值	最小值	平均值
		样品数（个）	百分比（%）	样品数（个）	百分比（%）	样品数（个）	百分比（%）	样品数（个）	百分比（%）			
潜水	82	55	62.50	12	13.64	2	2.27	13	14.77	5.89	0.20	1.10
第一承压水	18	12	66.67	3	16.67	0	0.00	3	16.67	3.19	0.22	0.99

2.6.2　高氟水空间分布特征

由图2-6、图2-7可以看出，高氟地下水在工作区表现出较为明显的分带性，中氟及高氟地下水分布范围相对集中，上部潜水区高氟水主要分布在工作区东部秦渠以东地区及东北部农场渠以东、东塔镇以北地段；第一承压水高氟区主要分布在工作区东部农场渠以东、灵南干沟以北一带，在原崇兴镇水源地附近，形成了一个高氟地下水区。潜水氟浓度的变化情况总体上呈现出从东

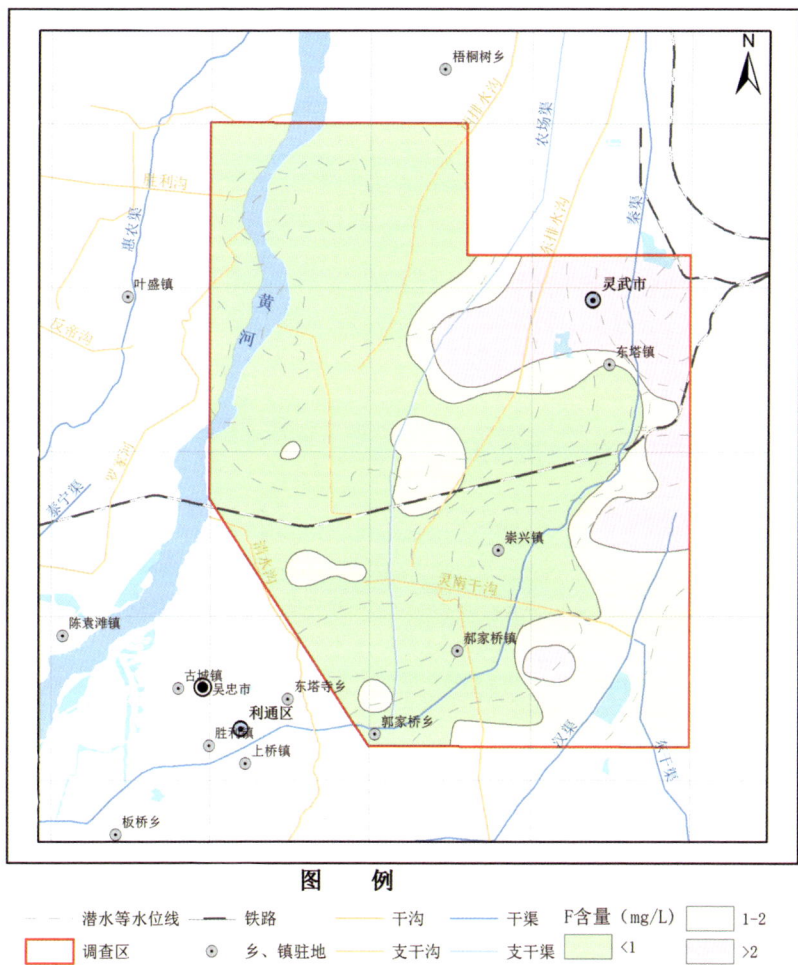

图 例

| 潜水等水位线 | 铁路 | 干沟 | 干渠 | F含量（mg/L） | 1-2 |
| 调查区 | 乡、镇驻地 | 支干沟 | 支干渠 | <1 | >2 |

图2-6 潜水氟离子含量空间分布图

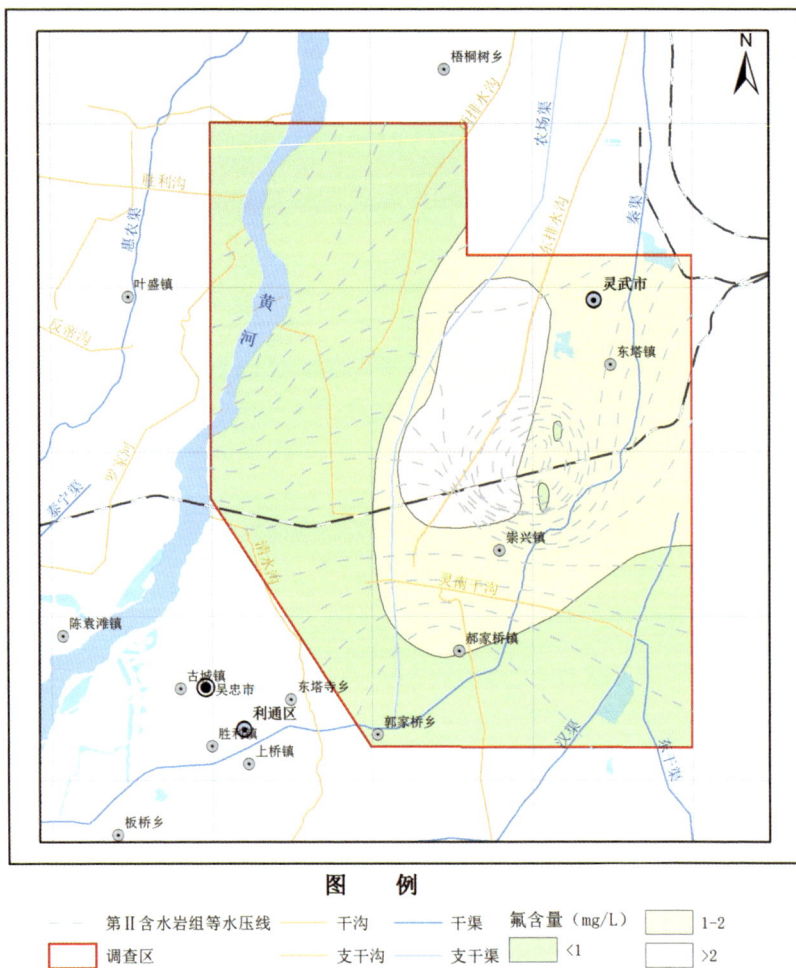

图 例

——— 第Ⅱ含水岩组等水压线	干沟	干渠	氟含量（mg/L）	1-2
□ 调查区	支干沟	支干渠	<1	>2

图2-7　第一承压水氟离子含量空间分布图

南部和东北部补给区到平原区逐渐减低的趋势。因此，认为鄂尔多斯台地前缘含氟矿物是山前冲洪积平原高氟地下水的主要物质来源，在向西北方向径流的过程中由于受到上部灌溉水（低氟水）入渗补给，使氟离子含量沿着径流方向逐渐降低。富氟地层是高氟地下水形成的物源和物质基础，研究区钻孔岩性分析发现，岩土中含氟矿物普遍存在，且砂粘土和粘砂土中氟含量明显高于细砂及砂砾石层。

2.6.3 水化学特征对高氟水的影响

水化学特征制约着氟的迁移和富集，水化学成分不同，氟含量亦不同，从图2-8和图2-9可以看出，工作区地下水中阳离子以 Na^+ 和 Ca^{2+} 为主，阴离子以 HCO_3^- 和 Cl^- 为主；而高氟地下水（包括潜水和承压水）大部分样品 Na^+ 含量占主导地位，第一承压水中高氟地下水阴离子以 HCO_3^- 为主。

从图2-10可以看出，HCO_3^- 含量和氟离子含量呈正相关关系，这是由于在酸性条件下，有利于 Fe^{2+}、Mg^{2+}、Ca^{2+} 等的存在，而氟离子能与这些离子结合形成稳定的络合物，从而使地下水中氟离子含量减少，随着 HCO_3^- 增多，碱性增强，Mg^{2+}、Ca^{2+} 等与 OH^- 形成沉淀物，进而使氟离子含量升高。此外，地下水中阳离子如 Mg^{2+}、Ca^{2+} 也对氟离子含量产生重要影响，Na^{2+}/Mg^{2+} 和 Na^{2+}/Ca^{2+} 的比值与氟离子含量具有很好的相关性，随着 Na^{2+}/Mg^{2+} 和 Na^{2+}/Ca^{2+} 比值的增大，氟离子含量有升高趋势（图2-11、图2-12），说明地下水中 Na^+ 含量增多，Mg^{2+}、Ca^{2+} 含量减少，水中可与氟离子生成沉淀的物质在减少，因此氟离子含量增大。

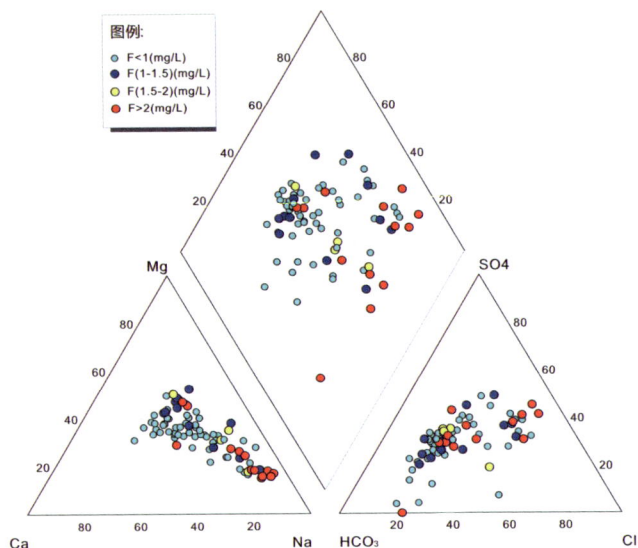

图2-8　潜水Piper三线图

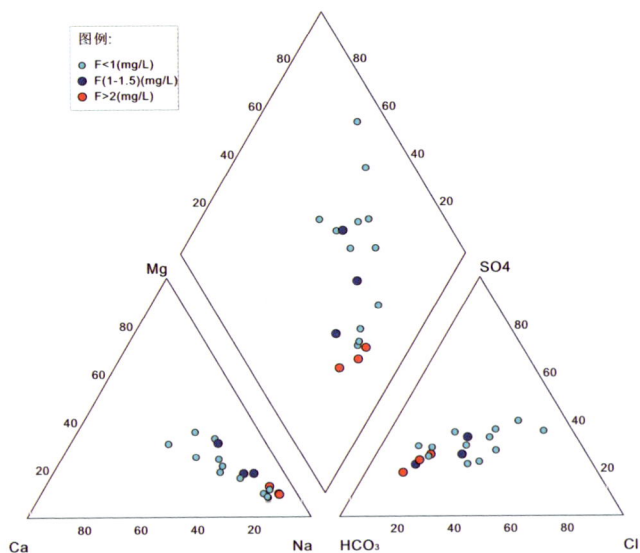

图2-9　第一承压水Piper三线图

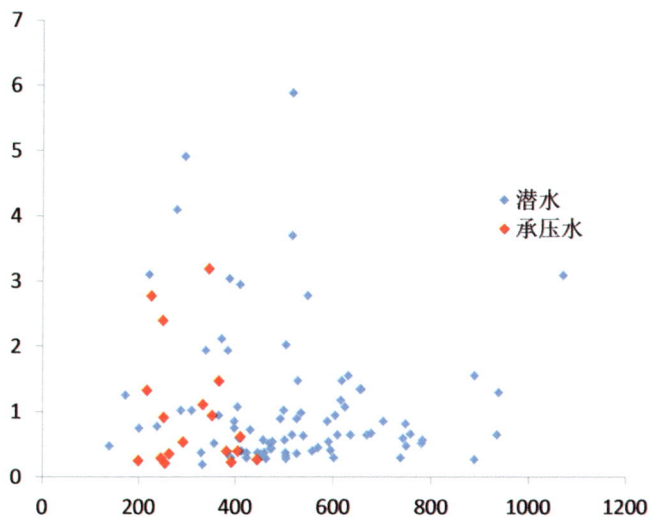

图2-10 HCO$_3^-$含量与氟离子含量关系图

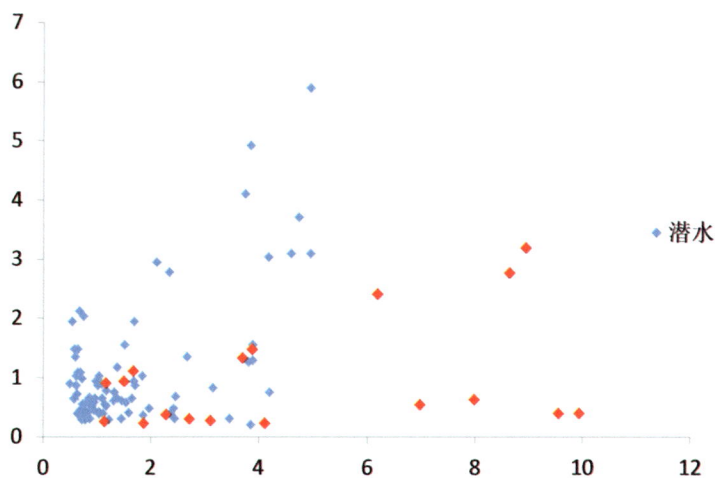

图2-11 Na^{2+}/Mg^{2+}比值与氟离子含量关系图

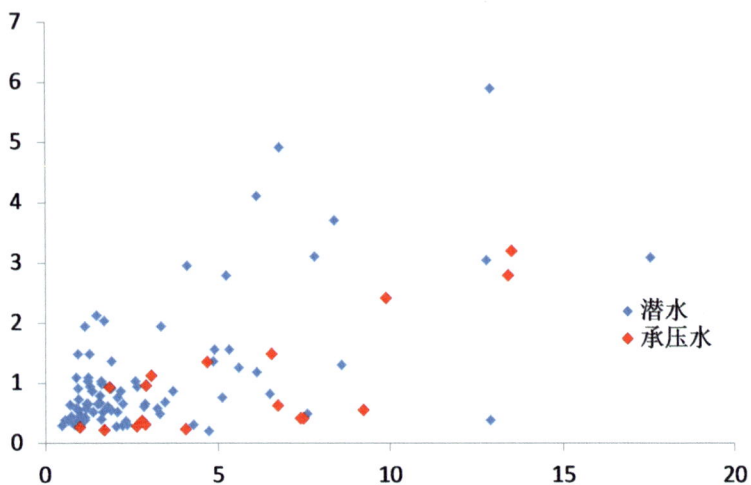

图2-12 Na^{2+}/Ca^{2+}比值与氟离子含量关系图

第3章　地下水资源评价

3.1　评价原则及方法

3.1.1　地下水资源评价的原则

（1）水源地在模拟开采期20年的状态下，用补给量来论证开采4.8万 m³/d 的保证程度，位置选择在地下水水质好，含水层厚度大，富水性强的最佳地段。

（2）所评价的地下水资源量中可开采量不宜超过地下水补给量，根据勘探成果，第Ⅱ含水岩组顶板埋深普遍在40~74 m，为防止因强化开采而引起的不良水文地质问题，预测各开采井水位降深值不得超过第Ⅱ含水岩组最高隔水顶板，即40.0 m。

（3）水质评价要考虑居民生活和一般工业锅炉用水的水质标准，评价其水质能否满足国家颁布的《生活饮用水水质标准（CB5749—2006）》（氟离子小于1.5 g/L，铁、锰、氨氮离子略超标）。

（4）评价范围只限于水源地研究区129 km²范围之内，并兼顾现已成井的L08号井的具体位置。

（5）资源计算和水位降深预测均采用非稳定流抽水试验等所

取得的各项成果为基础性资料。

3.1.2 评价方法

利用水动力学解析法评价研究区内的地下水资源，确定研究区的地下水允许开采资源。采用井群干扰叠加法预测开采条件下地下水位变化情况，并采用水均衡法计算第Ⅱ含水岩组天然资源和可开采资源，以此论证第Ⅰ含水岩组越流补给量，从而进一步论证水源地开采资源的保证程度。

3.1.3 开采目的层的确定

根据勘探成果及前人地质与水文地质资料，将研究区内260 m深度的地层划分为三个含水层，第Ⅱ、Ⅲ含水岩组的埋深分别在40~180 m，150~260 m，含水层顶板局部地方多为薄层的粘砂土、砂粘土，隔水能力较差，通过调查及勘探，第Ⅰ含水岩组的水质较差，第Ⅱ含水岩组的水质在拟选水源地的中部及中部偏西一带水质较好，溶解性总固体小于1 g/L，氟离子浓度小于1 mg/L，研究区第Ⅲ含水岩组水质整体较好，只有在东北部的L06孔氟离子浓度偏高（3.7 mg/L）；通过勘探，第Ⅱ含水岩组出水量为2700~4700 m³/d，第Ⅲ含水岩组出水量为2500~3800 m³/d，最终确定第Ⅱ含水岩组为开采目的层。

3.2 地下水资源计算

3.2.1 水文地质条件概化及模型建立

（1）水文地质条件概化

依据项目工作所取得的地层资料及孔组抽水试验资料、结合前人勘探成果，为合理评价地下水开采资源，建立水文地质数学模型的要求，经综合分析研究，将拟选水源地有关水文地质条件概化如下：

①作为开采目的层第Ⅱ含水岩组，在垂直方向上均系多层结构，含水层岩性以细砂、粗砂、砂砾石为主，间夹少量粘砂土、砂粘土薄层，从整体上看，水平方向上变化不大，根据前人资料和项目勘察，把第Ⅱ含水岩组布井区概化为均质等厚、各向同性、水平埋藏，且侧向无界。

②根据勘探资料显示，研究区第Ⅰ含水岩组底板与第Ⅱ含水岩组顶板之间存在1.65~9.88 m厚的砂粘土层，连续而且稳定是一个弱透水层。而第Ⅱ含水岩组之间也分布着不同厚度的隔水层，均较薄且不稳定。当孔组做第Ⅱ含水岩组非稳定流抽水试验时，观测孔的水位随抽水主孔水位下降而下降，观测孔的抽水曲线在抽水3h时逐渐出现平缓段，而抽水主孔水位下降值较慢逐渐趋向于稳定。抽水资料中同样证实本地区上覆弱透水层，对下部含水层产生越流补给，因此把研究区开采目的层（第Ⅱ含水岩组）概化为有越流补给的含水岩组。

③开采目的层在非稳定流抽水试验时，相邻越流补给层（第Ⅰ含水岩组）地下水位降深小，故将越流补给层地下水位概化为定水头。

④拟选的水源地弱透水层，其自身弹性储量可忽略不计；第Ⅱ含水岩组抽水时，所求的水文地质参数在进行拟选水源地地下水开采量水位降深预测计算时，只考虑水平干扰迭加，不再进行垂直干扰迭加计算。

⑤将开采目的层地下水初始条件概化成无水平补给，初始水力坡度为零，地下水运动是严格的二维流（平面流）。

⑥勘探期间的抽水孔和初拟水源地的开采井均为完整井。

（2）水文地质模型建立

拟选水源地的水文地质条件，通过上述概化后可建立下列水文地质数学模型（满足下列公式假定条件）：

$$S=\frac{Q}{4\pi T} W\left(u,\frac{r}{B}\right)$$

式中：

S —— 任意一点水位降深（m）；

Q —— 井的设计出水量（m³/d）；

T —— 含水层导水系数（m²/d）；

W（u，r/B）—— 井函数（无量纲）；

r —— 计算点与抽水井轴心的距离（m）；

B —— 越流因素（m）；

u —— 井函数自变量（u=$\frac{r^2}{4at}$）；

t —— 抽水时间（d）；

a —— 压力传导系数（m²/d）。

3.2.2 计算方法与参数选取

根据建立的水文地质数学模型及第Ⅱ含水岩组孔组非稳定流抽水试验实测资料，采用配线法、拐点法、水位恢复法多种方法进行参数计算。

上述三种方法，分别依据各抽水试验资料，计算求得各项水文地质参数，列入表3-1。

表3-1 宁夏灵武市崇兴镇水源地扩充勘探 L08 号孔非稳定流抽水试验参数计算结果一览表

抽水孔号	含水岩组	流量（m³/d）	观测孔号	计算方法	距离（m）	水文地质参数计算					
						T（m²/d）	S*	a（m²/d）	K'/M'（1/d）	B（m）	K（m/d）
L08	II	3072.0	观2	配线法		737.434	4.49E-03	1.64E+05	8.09E-04	954.40	5.923
				拐点法	47.72	658.314	3.21E-04	2.05E+06	7.23E-04	954.40	5.287
				水位恢复法		624.771					5.018
			观3	配线法		1229.05	6.65E-04	1.85E+06	9.69E-04	1126.17	9.890
				拐点法	67.57	1114.459	3.31E-04	3.36E+06	9.1E-04	1107.71	8.950
				水位恢复法		1124.587					9.032
			L08	水位恢复法	0.1525	605.920					4.866
			平均值			870.65	1.45E-03	1.856E+06	8.53E-04	1035.67	6.995

通过上述计算结果，孔组采用非稳定流抽水试验资料取得的参数适用于第Ⅱ含水岩组的同步开采、水位相互干扰削减布井方案。参数的计算结果表明，同一组抽水试验资料，分别采用配线法、拐点法、水位恢复法计算求得的水文地质参数值比较接近。说明水文地质条件概化合理，抽水资料准确，计算的水文地质参数可信程度高。

项目工作选定的水文地质参数，均采用项目工作参数。对拟选水源地同步开采第Ⅱ含水岩组地下水，进行开采资源计算。其水文地质参数选取值见表3-2。

表 3-2　第Ⅱ含水岩组水文地质参数选

试验方法	水文地质参数							
	$T(m^2/d)$	S^*	$a(m^2/d)$	$\dfrac{K'}{M'}$ (1/d)	$B(m)$	$K(m/d)$	R
非稳定流	870.65	1.45E-03	1.856E+06	8.53E-04	1035.67	6.995	286.44

3.2.3　地下水资源量计算

根据研究区水文地质条件，水源地开采资源量主要来自开采条件下所获得的补给资源量。开采状态下补给资源量计算以第三设计开采方案连续开采20年后，通过干扰叠加法预测形成的降落漏斗外围0.2 m降深所形成的区域为计算区域，所形成的均衡区为椭圆，其长轴长8.04 km，短轴长6.185 km，均衡区面积39.247 km²。分别采用解析法和数值法计算含水层开采状态下的补给资源量，并运用水均衡分析论证其保证程度。

原崇兴镇水源地位于水源地的东南部，通过计算，原崇兴镇水源地所形成的降落漏斗距离水源地预测降落漏斗0.8 km，因此认为不会对水源地降落漏斗的形成产生影响。

1. 解析法

（1）开采条件下的补给量计算

水源地投产后，由于井群集中开采，改变了地下水的天然平衡状态，形成以开采区为中心的降落漏斗及开采条件下的激发补给量。这些量包括：第Ⅰ含水岩组越流补给量，第Ⅱ含水岩组侧向径流补给量和弹性释水量。

① 越流补给量

拟建水源地投产后，在形成的降落漏斗范围内Ⅰ、Ⅱ含水岩组产生水头差，地下水由第Ⅰ含水岩组向第Ⅱ含水岩组产生越流补给。其中漏斗中心降深最大，向外围漏斗降深逐渐变缓，根据所布井区开采井降深预测计算结果，共划分三个区段分别计算上覆第Ⅰ含水岩组对开采目的层（图3-1）的越流补给量。

计算公式如下：

$$Q_{越} = F \cdot \frac{K'}{M'} \cdot \Delta H$$

式中：

$Q_{越}$——第Ⅰ含水岩组越流补给量（万 m³/d）；

F——越流区面积（km²）；

$\dfrac{K'}{M'}$——越流系数（1/d）；

ΔH——越流补给层与开采层水头差的几何平均值（m）。

取值及计算结果见表3-3。

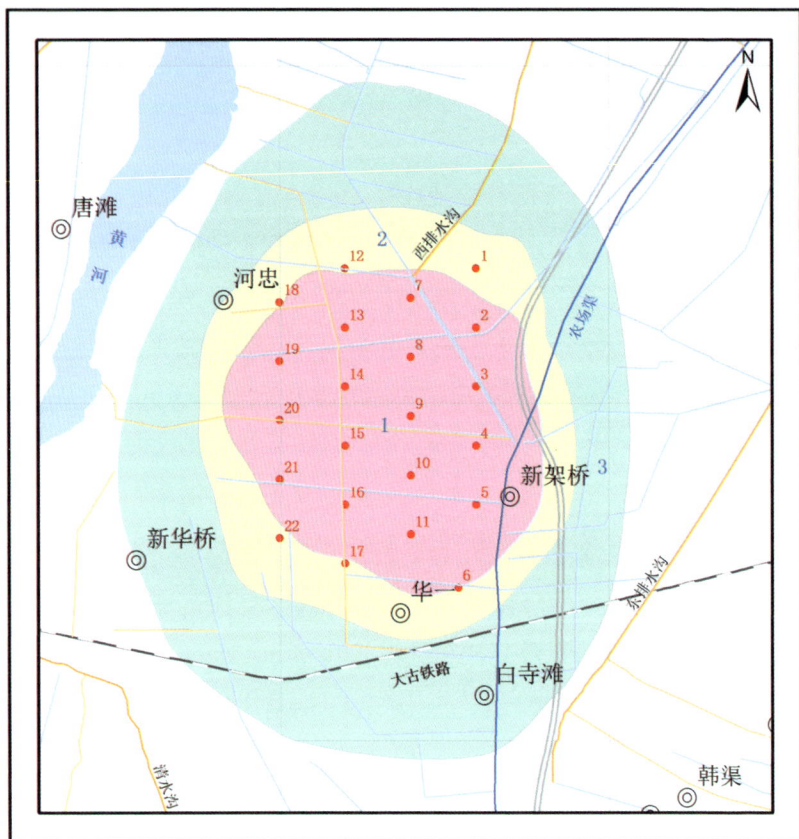

图例

影响降深(m)

1	0.2-0.4	—— 干沟	—— 支沟
2	0.4-0.6	—— 干渠	—— 支渠
3	>0.6	● 方案三设计开采井	

—— 高速　—— 铁路

图3-1　水源地预测降落漏斗分区图

表 3-3　第Ⅰ含水岩组对第Ⅱ含水岩组越流补给量计算结果

含水岩组	漏斗分区编号	面积F（km²）	K′/M′（1/d）	ΔH（m）	Q越（万 m³/d）
Ⅱ	1	11.57		2.427	2.395
	2	7.33	0.000853	0.750	0.469
	3	20.337		0.473	0.821
合计		39.247			3.685

②侧向径流补给量

开采降落漏斗形成后，地下水自漏斗边界向中心流动，形成侧向径流补给。现以第Ⅱ含水岩组预测降落漏斗边界作为侧向径流补给边界，水力梯度取降落漏斗范围内几何平均值，按下式计算开采后侧向补给量：

$$Q_{侧}=K \times M \times B \times I$$

式中：

$Q_{侧}$——侧向补给量（万 m³/d）；

K——第Ⅱ含水岩组含水层渗透系数（m/d）；

M——第Ⅱ含水岩组含水层平均厚度（m）；

B——计算断面长度（m）；

I——水力梯度。

取值及计算结果见表3-4。

表 3-4　第 Ⅱ 含水岩组侧向补给量计算结果

含水岩组	K（m/d）	M（m）	B（km）	I	Q侧（万 m³/d）
Ⅱ	6.995	92.112	22.657	0.00098	1.430

③弹性释水量

随着漏斗区内第 Ⅱ 含水岩组承压水水头下降，含水层可释放少量弹性储存量。现以第 Ⅱ 含水岩组降落漏斗面积及其内水位降深几何平均值作为含水层弹性释水区和压力水头降深值，计算第 Ⅱ 含水岩组弹性释水量，见图3-2，计算公式如下：

$$Q_{弹} = F \times \Delta S \times S* \div 7300$$

式中：

$Q_{弹}$——弹性释水量（万 m³/d）；

ΔS——降落漏斗内降深几何平均值（m）。

其他符号意义同前。

取值及计算结果见表3-5。

表 3-5　第 Ⅱ 含水岩组弹性释水补给量计算结果

含水岩组	漏斗分区编号	面积 F（km²）	S*	ΔS(m）	Q弹（万 m³/d）
Ⅱ	1	11.57		2.427	0.00056
	2	7.33	0.00145	0.750	0.0001
	3	20.337		0.473	0.0002
合计		39.247			0.00086

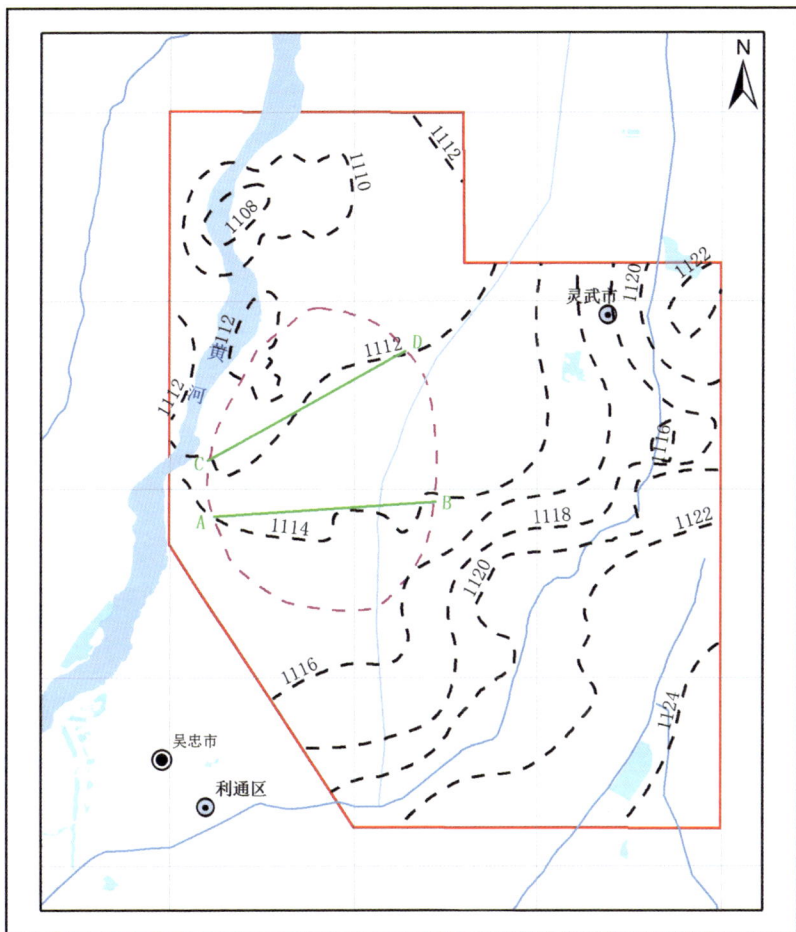

图　例

- - - 潜水等水位线　　—— 干渠　　□ 调查区　　⌐ ⌐ 预测漏斗　　A——B 计算断面

图3-2　水源地侧向径流计算断面

④解析法计算开采补给量结果

以水源地开采20年为计算周期，开采条件下总补给量为5.116万 m^3/d（见表3-6），能够满足日开采量4.8万 m^3/d 的开采需求。其中第 I 含水岩组的越流补给量为3.685万 m^3/d，占总补给量的72.03%，为地下水的主要补给来源。

表 3-6　第 II 含水岩组所获得各项补给量

第 I 含水岩组越流补给量（万 m^3/d）	第 II 含水岩组的侧向补给量（万 m^3/d）	弹性释水量（万 m^3/d）	合 计（万 m^3/d）
3.685	1.430	0.00086	5.116

（2）天然状态下第 I 含水岩组水均衡

通过对第 II 含水岩组在开采条件下补给量的计算，其主要的补给来源为第 I 含水岩组的越流补给量、侧向径流补给量和弹性释水量。其中第 I 含水岩组越流补给量为3.685万 m^3/d，因此采用均衡法计算第 II 含水岩组漏斗范围内的第 I 含水岩组的天然资源量，以此来论证对第 II 含水岩组越流量的保证程度，漏斗范围面积为39.247 km^2。

①水均衡方程

第 I 含水岩组天然资源按均衡法计算。各均衡要素利用经验公式、理论公式或近似公式分别计算。均衡方程式如下：

$$\frac{\mu \cdot \triangle h \cdot F}{\triangle t} - Q_{补} \quad Q_{排}$$

式中：

$\dfrac{\mu \cdot \triangle h \cdot F}{\triangle t}$ ——地下水多年平均储量变化值（万 m³/d）；

$Q_{\text{补}}$——地下水各项天然补给量之和（万 m³/d）；

$Q_{\text{排}}$——地下水各项天然排泄量之和（万 m³/d）。

分析多年地下水动态观测资料，第 I 含水岩组水位变化不大，基本处于平衡状态，即补给量等于排泄量。故上述公式可近似表示为：

$$Q_{\text{补}}=Q_{\text{排}}$$

$$Q_{\text{补}}=Q_{\text{田渗}}+Q_{\text{降水}}+Q_{\text{侧入}}$$

$$Q_{\text{排}}=Q_{\text{蒸发}}+Q_{\text{沟排}}+Q_{\text{侧排}}$$

式中：

$Q_{\text{田渗}}$——田间灌溉渗入补给量（万 m³/d）；

$Q_{\text{降水}}$——大气降水渗入补给量（万 m³/d）；

$Q_{\text{侧入}}$——边界地下水侧向补给量（万 m³/d）；

$Q_{\text{蒸发}}$——第 I 含水岩组蒸发量（万 m³/d）；

$Q_{\text{沟排}}$——排水沟排泄地下水量（万 m³/d）；

$Q_{\text{侧排}}$——侧向径流排泄量（万 m³/d）。

②第 I 含水岩组补给量计算

a. 田间灌溉渗入补给量

田间灌溉渗入补给量是灌溉水进入田间，经包气带渗漏补给地下水的水量，包括斗渠、毛渠的渗入补给量。

计算公式：

$$Q_{\text{田渗}}=\alpha \cdot Q_{\text{田间}}$$

式中：

$Q_{田渗}$——田间灌溉渗入补给量（万 m^3/d）；

α——灌溉渗入补给系数；

$Q_{田间}$——田间灌溉水量，采用灌溉面积与灌溉定额的乘积。

田间灌溉水入渗系数：引自宁夏水文总站《浅层地下水资源》报告中实测试验资料，一般作物灌溉入渗系数0.19，水作物系数0.164。

灌溉定额采用2014年宁夏人民政府办公厅印发的《宁夏农业灌溉用水定额》的值，即水稻灌溉定额1100 m^3/ 亩·年，玉米灌溉定额220 m^3/ 亩·年，小麦灌溉定额310 m^3/ 亩·年。

灌溉面积：经过调查，在拟建水源地范围内，田间作物主要为水稻、玉米、小麦。除了田间的小路渠系之外都为农田，根据灵武市水务局资料统计，耕地占地面积利用率很高，达到80%，其中水稻比例占60%，玉米比例占25%，小麦比例占15%。以此计算出拟建水源地漏斗范围内的可耕地面积为31.398 km^2。计算结果见表3-7。

表 3-7　第 I 含水岩组田间灌溉入渗

漏斗面积（km^2）	农田种类	灌溉面积（km^2）	灌水定额（m^3/ 亩·年）	入渗系数	入渗量（万m^3/d）	合计（万m^3/d）
39.247	水稻（60%）	18.839	1100	0.164	1.397	1.645
	玉米（25%）	7.849	220	0.19	0.135	
	小麦（15%）	4.710	310	0.19	0.114	

b. 渠系渗漏补给量

流经漏斗范围主要是农场渠、梧干渠，渠系渗漏补给量采用考斯加科夫公式计算，计算公式为：

$$q=10 \cdot A \cdot Q^{1-m}$$

式中：

q——渠道单位长度的渗入量（$m^3/s \cdot km$）；

Q——渠道引水量（万 m^3/d）；

A 和 m——与土层渗水性质有关的参数。

参数 A 和 m 值引用宁夏水文总站《浅层地下水资源》报告，其公式为：

$$q=0.04Q^{0.4}$$

$$Q_{渠渗}=q \cdot L \cdot T$$

式中：

L——渠道长度（km）；

T——渠道行水时间（d），取值169 d。

渠道引水量、渠道行水时间来自灵武市水务局实测观测资料，渠道长度从1∶2.5万地形图量取，渠道渗入量计算结果见表3-8。

表 3-8　第 I 含水岩组渠系渗漏补给量

渠道名称	渠道长度（km）	渠道损失量 q（$m^3/s \cdot km$）	渠道引水量（亿 m^3/a）	渠道引水时间（d）	渠道渗入量（万 m^3/d）
农场渠	7.305	0.0311	0.5354	169	0.910
梧干渠	5.029	0.0288	0.4404	169	0.580
合计					1.490

c. 大气降水渗入补给量

$$Q_{降雨} = 10^{-1} \cdot F \cdot A \cdot \alpha \cdot \gamma$$

式中：

$Q_{降水}$——大气降水渗入补给量（万 m^3/a）；

F——计算区面积（km^2）；

A——年降水量（mm）；

α——降水入渗系数；

γ——有效降水量百分数。

降水入渗区面积采用均衡区的面积，年降水量取灵武市气象局2000—2014年年降水量的平均值。降水入渗系数及有效降水量百分数均取自《宁夏地下水资源评价报告》。取值及计算结果见表3-9。

表3-9 第 I 含水岩组大气降水入渗补给量

补给区面积（km^2）	降水量（mm）	入渗系数 α	有效水量 r（%）	降水补给量（万 m^3/d）
39.247	207.7	0.23	55	0.283

d. 侧向补给量

根据第 I 含水岩组等水位线，均衡区内潜水的流向是从东南到西北，因此均衡区东南部位为补给边界，渗透系数取第 I 含水岩组观01孔的稳定流抽水的参数，含水层厚度取补给断面勘探孔L12第 I 含水岩组含水层厚度的值，水力梯度根据统测计算得出。计算公式：

$$Q_{侧} = K \cdot H \cdot L \cdot I$$

H——含水层厚度（m）；

L——计算断面长度（m）；

其他符号意义同前。

计算结果见表3-10。

表3-10 第 I 含水岩组侧向补给量计算结果

渗透系数 （m/d）	含水层厚度 （m）	断面长度 （m）	水力梯度	补给量 （万 m³/d）
10.396	38.87	6044	0.00195	0.476

（3）第 I 含水岩组排泄量计算

①蒸发量

潜水蒸发是垂向排泄地下水的主要途径，潜水蒸发量按下式计算：

$$Q_{蒸发}=10^{-1}F\cdot\varepsilon$$

式中：

$Q_{蒸发}$——潜水蒸发量（万 m³/a）；

F——潜水蒸发面积（km²）；

ε——潜水年蒸发度（mm）。

$$\varepsilon=\varepsilon_0(1-\frac{\triangle}{\triangle_0})$$

式中：

ε_0——水面蒸发量（mm/a）；

$\triangle$——计算区潜水平均埋藏深度（m）；

$\triangle_0$——潜水不被蒸发的极限深度（m）。

n 与土质有关的系数。

均衡区范围内地势平坦，地下水径流条件差，均衡区中部水位埋深较浅，南北两侧水位埋深较大（图3-3），丰水期水位埋深在0~3 m，枯水期水位埋深大于3 m。按照极限蒸发深度为3 m，与土质有关系数为2，均衡区内的第Ⅰ含水岩组的蒸发面积为39.247 km²，水面蒸发量取自灵武市气象站1991—2013年的观测资料，多年平均蒸发量为1790.42 mm，水面蒸发量按系数0.6换算成大面积水面蒸发量后使用。计算结果见表3-11。

表 3-11 第Ⅰ含水岩组蒸发量

分区编号	埋深区间（m）	面积（km²）	水面蒸发量（mm）	水位平均埋深（m）	年蒸发量（mm）	蒸发量	
						万 m³/a	万 m³/d
1	<1	0.751		0.55	716.466	53.811	0.147
2	1–1.5	6.504		1.73	192.518	125.212	0.343
3	1.5–2	1.430	1074.252	1.62	227.312	32.508	0.089
4	2–2.5	14.710		2.31	65.362	96.145	0.263
5	2.5–3	5.364		2.87	56.828	30.485	0.084
6	2.5–3	10.489		2.69	2.017	2.116	0.006
合计		39.247	1074.25			340.276	0.932

② 排水沟排泄水量

均衡区主要排水沟有西排水沟、龙须沟，在均衡区的北部及西部经过，跨越均衡区范围的长度分别为2.164 km 和7.111 km，主

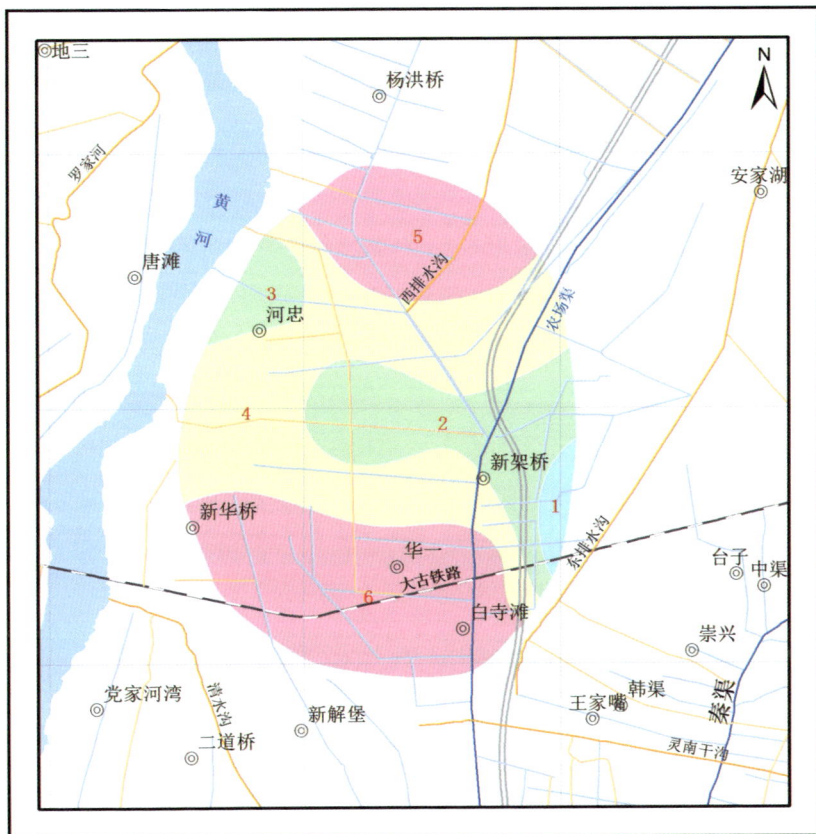

图3-3 潜水水位埋深分区图

要排泄灌溉回归水、渠道退水、降水形成的地表水流、生活污水及地下水。排水沟排泄地下水量采用下列公式计算：

$$Q_p = \sigma \cdot Q$$

式中：

Q_p——排水沟排泄地下水量，10^4 m^3/d；

σ——排水沟排泄地下水系数；

Q——排水沟总排水量，10^4 m^3/d。

根据灵武市水务局收集到的资料统计得出：西排水沟，在均衡区流量2 m^3/s，年排水量0.2074×10^8 m^3；龙须沟在均衡区流量3.5 m^3/s，年排水量0.3629×10^8 m^3；即均衡区两个主要排水沟排水量为15.62万 m^3/d。σ 取值参考《银川平原地下水资源合理配置调查评价》中西排水沟排泄地下水系数0.158，得出均衡区排水沟排泄地下水量为2.468万 m^3/d。

③ 侧向排泄量

潜水自均衡区东北部流出，采用达西断面法计算地下水径流量，其公式为：

$$Q_{排} = K \cdot H \cdot L \cdot I$$

式中：

H——含水层厚度（m）；

L——计算断面长度（m）；

其他符号意义同前。

第Ⅰ含水岩组渗透系数取自第Ⅰ含水岩组观1孔计算资料，含水层厚度取排泄断面处L03号孔第Ⅰ含水岩组含水层的厚度，水力梯度根据统测计算得出。计算结果见表3-12。

表 3-12　第Ⅰ含水岩组侧向排泄量

渗透系数（m/d）	含水层厚度（m）	断面长度（m）	水力梯度	排泄量（万 m³/d）
10.396	50	6054.4	0.0015	0.472

④ 开采量

在均衡区范围内，经过调查，有3眼农灌机井，开采层位为第Ⅰ含水岩组。单井开采量为1000~1200 m³/d，主要灌溉作物为大棚蔬菜，是间歇性抽水。根据灵武市水务局提供单井供水资料，单井年均开采量为3.06万 m³/a，即83.84 m³/d，3眼总计251.51 m³/d。

（4）第Ⅰ含水岩组水均衡

通过上述地下水补给量与排泄量的计算，第Ⅰ含水岩组水均衡结果见表3-13。

表 3-13　第Ⅰ含水岩组水均衡量计算

补给项	补给量（万 m³/d）	排泄项	排泄量（万 m³/d）
渠系入渗量	1.490	蒸发量	0.932
田间渗入量	1.645	排水沟排泄量	2.468
降水渗入量	0.283	侧向排泄	0.472
侧向补给量	0.476	开采量	0.025
合计	3.894	合计	3.897
均衡结果		−0.003	

通过对第Ⅰ含水岩组天然状态下的补给资源量计算，其补给量为3.894万 m³/d。在开采条件下，开采第Ⅱ含水岩组时所获得第

Ⅰ含水岩组的补给资源量为3.685万 m3/d，因此开采后第Ⅰ含水岩组能够满足第Ⅱ含水岩组越流补给。

2. 数值法

按解析法计算的水源地抽水所造成的影响范围外扩一定距离作为灵武市崇兴镇水源地（第二水厂供水水源地）的模型范围（见图3-4），模拟面积130.776 km²，在水文地质条件分析的基础上，建立了水文地质概念模型，并运用地下水模拟软件 GMS 建立区域地下水稳定流数值模型，通过不断调整水文地质参数，对观测孔进行拟合验证。在稳定流的基础上，建立地下水非稳定流数值模型，用于评价区域地下水资源，预测水源地规划开采条件下地下水位变化趋势。

（1）水文地质概念模型

水文地质概念模型是根据建模的目的，简化实际水文地质条件并使用相关数据，以便能够分析地下水系统，并为建立地下水流数值模拟模型提供依据。水文地质概念模型主要包括边界条件概化、含水层结构概化、参数分布、地下水流概化以及源汇项概化。

①边界条件概化

水源地预测漏斗区主要为冲洪积平原，地势平坦。由于工作重点地区灵武市崇兴镇水源地（第二水厂供水水源地）的面积较小，为了尽量减少边界对模型精度的影响，同时为考虑原水源地开采对拟建水源地的影响，建模区范围确定为以解析法计算的水源地抽水所造成的影响范围为主，涵盖原水源地预测漏斗区范围，并结合地下水流场划分边界。漏斗区西邻黄河，因此以黄河作为模型的西部边界，概化为河流边界；由地下水流场可以看出模拟区的东南部为流入边界，西南部边界与地下水流向平行，基本为隔水边界，北部为地下水流出边界，但由于设计开采井后，可能会影响边界性质，因此在模型中将西部地区以外处理成通用水头边界（GHB，混合边界），如图3-4所示。

模拟区上边界为地表，含水层接受田间入渗及大气降水的入渗补给，模型底部以设计最大孔深260 m深度为界，且认为概化深度内含水层与下伏地层之间无水量交换，概化为隔水边界。

②含水层结构概化

水源地内地下水类型为多层结构的松散岩类孔隙水，通过分析水文地质条件和钻孔资料，得知水源地内蕴藏三个含水岩组，分别为潜水含水岩组（第Ⅰ含水岩组），第一承压含水岩组（第Ⅱ含水岩组）和第二承压含水岩组（第Ⅲ含水岩组），各含水岩组之间分布较为连续的隔水层。通过已有的钻孔资料和水文地质剖面图和物探数据确定主要含水层的顶底板标高，绘制含水层顶底板标高等值线，确定水文地质结构。三个含水岩组及两个隔水层顶底板高程等值线如图3-5、图3-6、图3-7、图3-8、图3-9、图3-10所示。

③水文地质参数处理

模拟区含水层主要由黄河冲积物和山前洪积物组成，水文地质条件较为均匀，渗透系数空间变化较小。将渗透系数、给水度和储水系数等含水层参数分区值以面状形式导入模型中。根据模拟区第四系沉积规律、含水层岩性水文地质参数经验值并结合抽水试验成果，划分水文地质参数分区及数值分布情况，通过拟合地下水水位、长观孔的动态曲线，识别含水层参数。参数分区见图3-11、图3-12、图3-13。

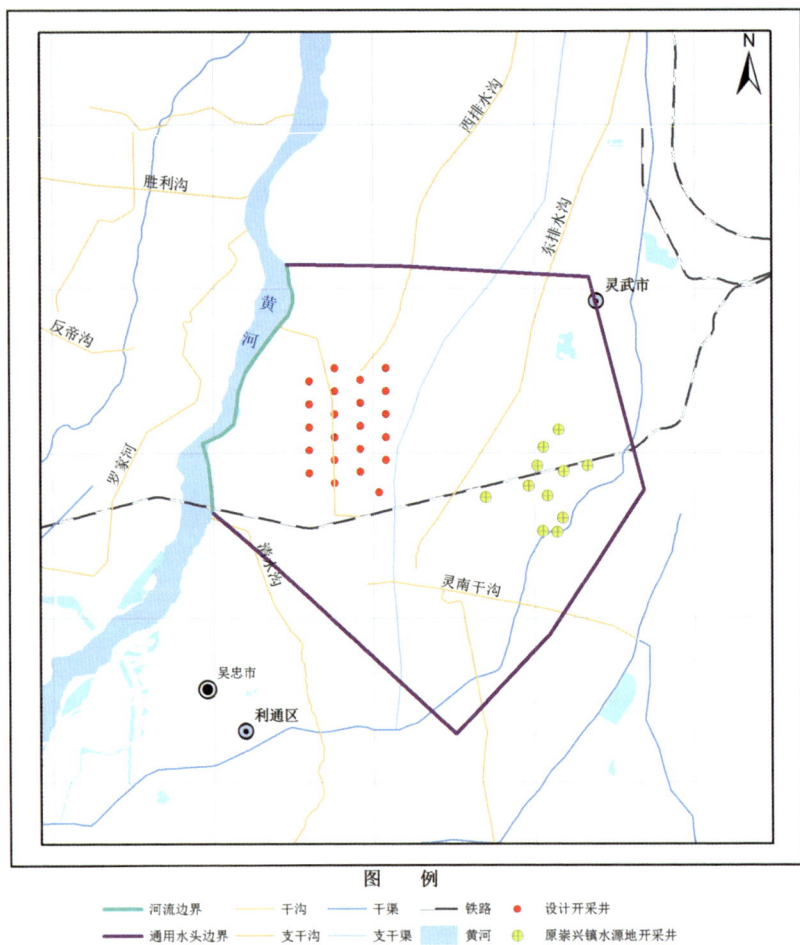

图例

—— 河流边界	—— 干沟	—— 干渠	—— 铁路	● 设计开采井	
—— 通用水头边界	—— 支干沟	—— 支干渠	黄河	⊕ 原崇兴镇水源地开采井	

图3-4　模拟区范围和边界条件概化图

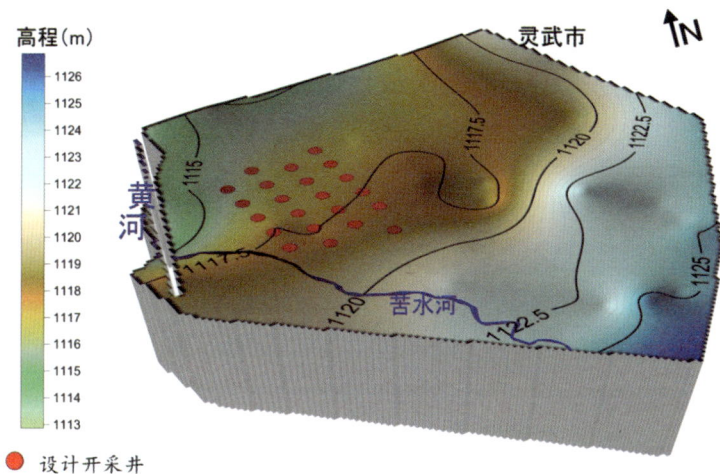

图3-5 第Ⅰ含水岩组顶板高程等值线

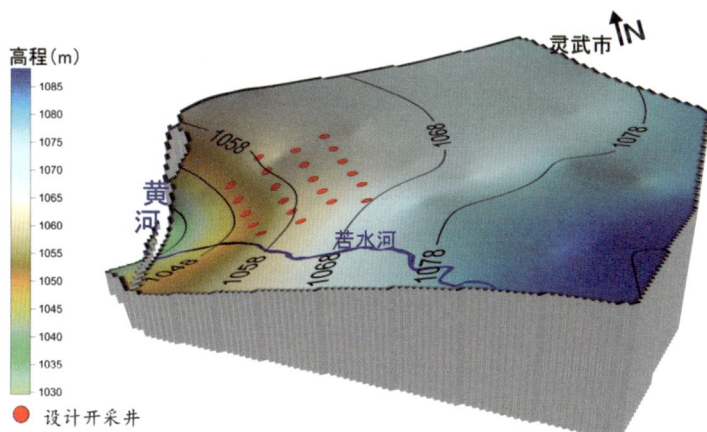

图3-6 第Ⅰ含水岩组底板高程等值线

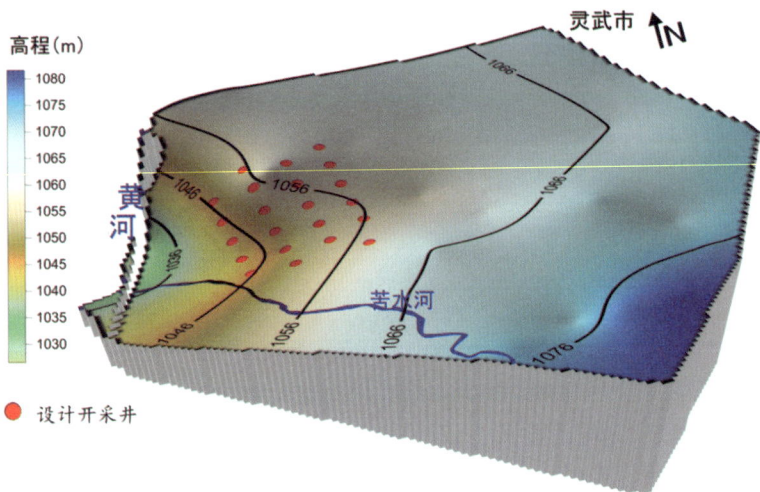

图3-7 第Ⅱ含水岩组顶板高程等值线

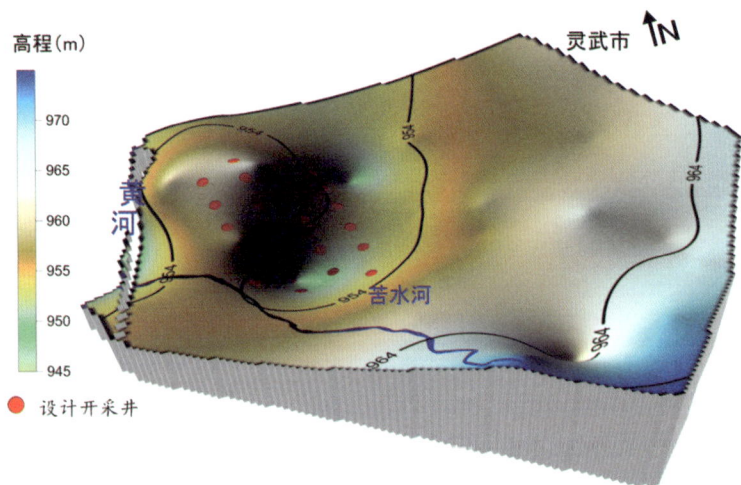

图3-8 第Ⅱ含水岩组底板高程等值线

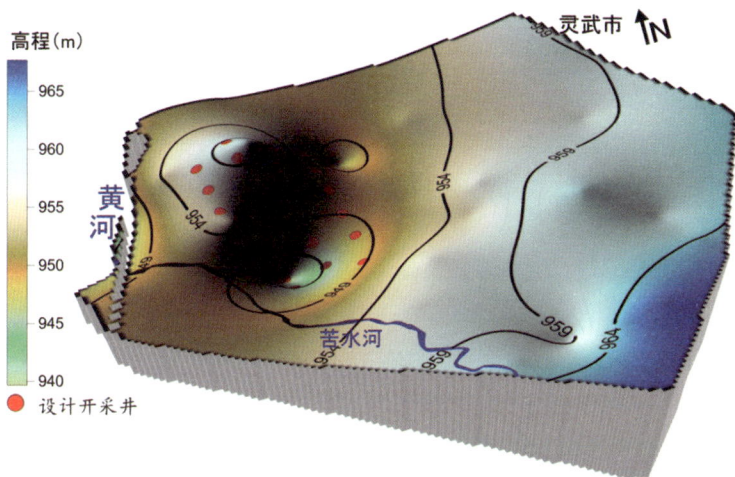

图3-9 第Ⅲ含水岩组顶板高程等值线

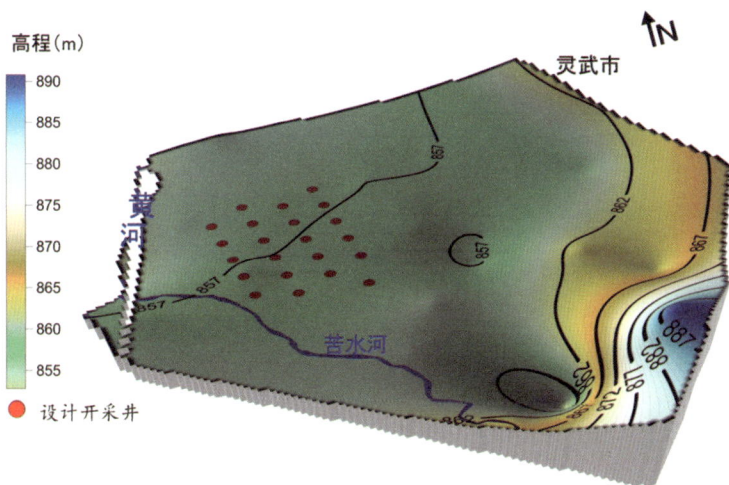

图3-10 第Ⅲ含水岩组顶板高程等值线

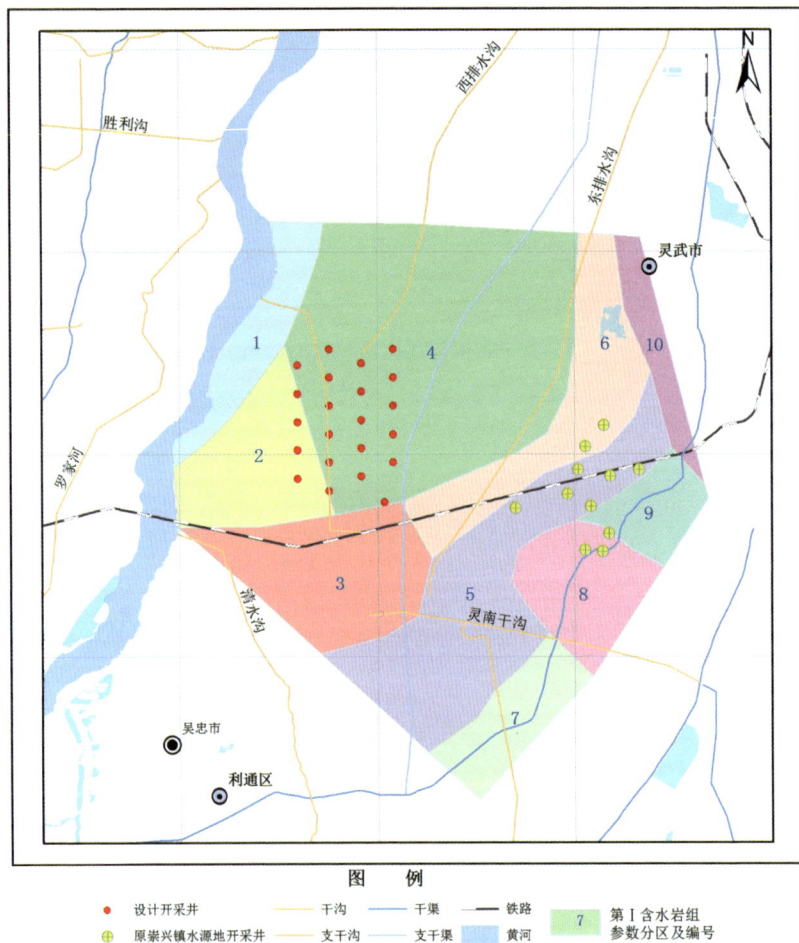

图3-11　第Ⅰ含水岩组参数分区图

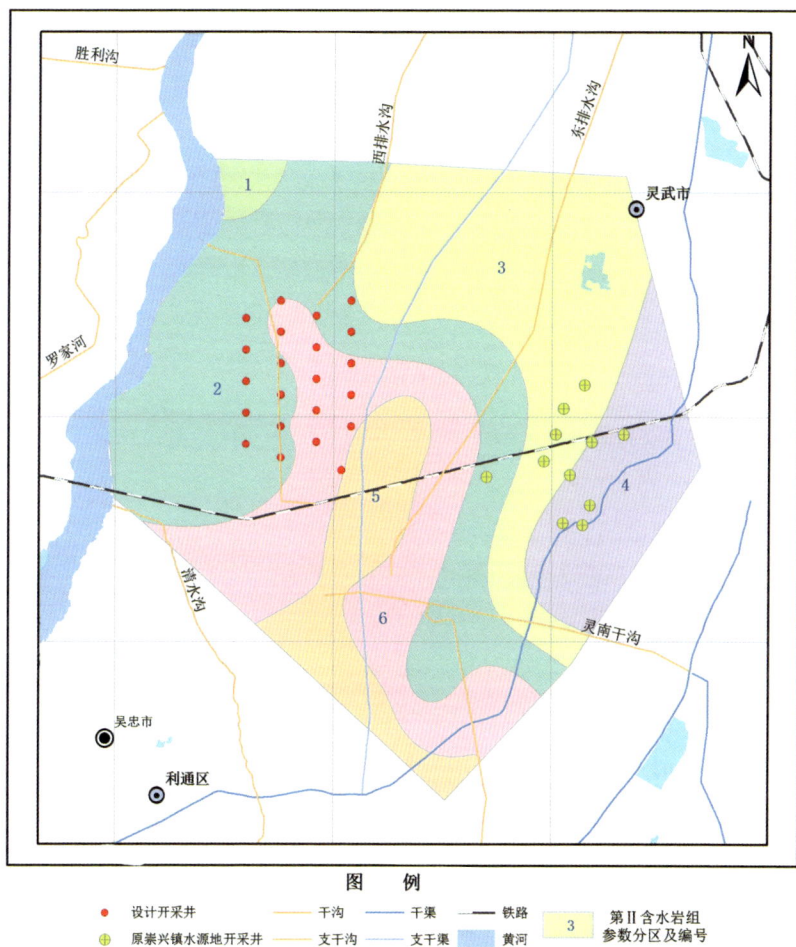

图3-12 第Ⅱ含水岩组参数分区图

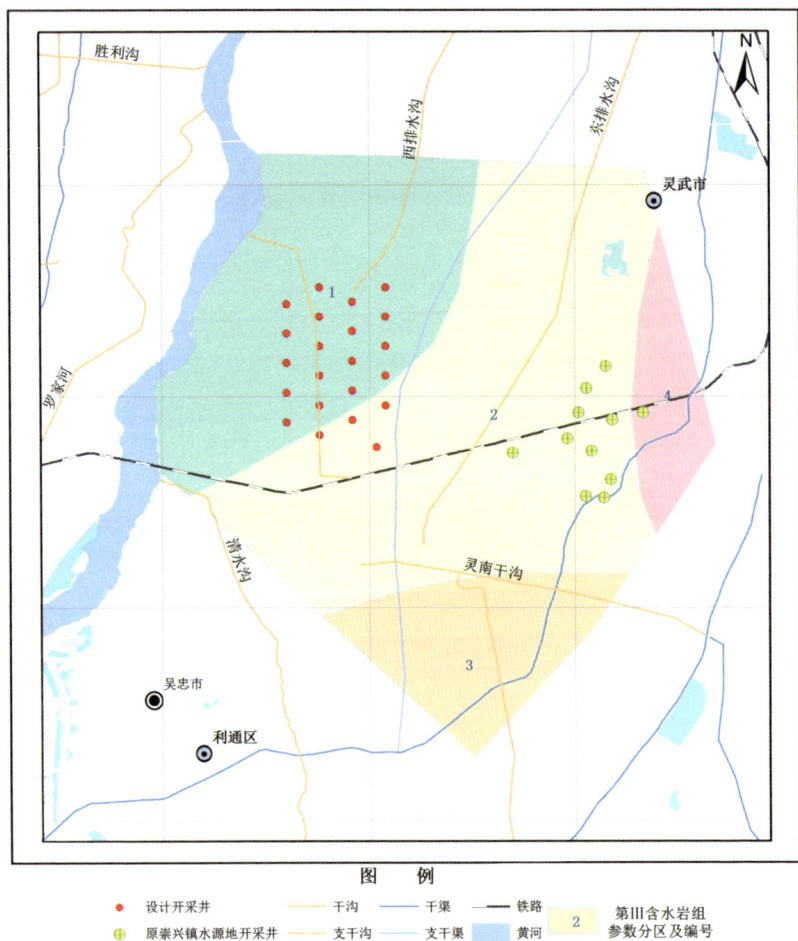

图3-13　第Ⅲ含水岩组参数分区图

④初始条件处理

对于稳定流模型，初始水位以野外调查及钻孔水位为依据，采用内插法和外推法获得潜水含水岩组和承压含水岩组的初始流场。

对于非稳定流模型，将稳定流模型拟合水位后得到的流场作为非稳定流模型的初始流场。

⑤源汇项处理

模拟区地下水的主要补给来源为灌溉水回渗、渠系渗漏、大气降水入渗补给，以及地下水侧向径流补给，主要排泄途径为排水沟排泄、蒸发排泄、人工开采及少量地下水侧向径流流出。

大气降水及灌溉入渗属面状入渗补给，在 GMS 中用 Recharge 模块处理，入渗量由计算得到（对于非稳定流模型，根据灌溉月份对不同时期的入渗量进行分配，经过数据整理后分别按区在相应网格上赋值）。其中灌溉入渗量在模型中分布到遥感获得的耕地上，并根据实际情况，在灌区设置排水沟（Drain 模块），在灌期排泄多余水量。排水沟程序包假定当含水层的水头高于排水沟的底板时，会自动向排水沟排泄，排泄量由模型计算得到；如果含水层的水头降至排水沟的底板以下，排水沟就不起作用，即地下水不再向排水沟排泄。

由于不同时期水位埋深不同，模拟区内水位埋深普遍较浅，在模型中采用蒸发包（ET 模块）按阿伟扬诺夫公式计算，取地下水蒸发极限埋深5 m，蒸发量由模型根据水位埋深自动计算。

模型的通用水头边界及西部的河流边界所产生补排量由模型计算得到。

（2）地下水系统数学模型

①数学模型

根据前人工作成果和勘探工作，研究区可概化为非均质各向异性、空间三维结构、非稳定地下水流系统，其地下水流连续性方程及其定解条件如下：

$$S\frac{\partial h}{\partial t}=\frac{\partial}{\partial x}(K_x\frac{\partial h}{\partial x})+\frac{\partial}{\partial y}(K_y\frac{\partial h}{\partial y})+\frac{\partial}{\partial z}(K_z\frac{\partial h}{\partial z})+\varepsilon \qquad x,y,z\in\Omega,\ t\geqslant0$$

$$h(x,y,z)\big|_{t=0}=h_0(x,y,z) \qquad x,y,z\in\Omega$$

$$\mu\frac{\partial h}{\partial t}=K_x(\frac{\partial h}{\partial x})^2+K_y(\frac{\partial h}{\partial y})^2+K_z(\frac{\partial h}{\partial z})^2-\frac{\partial h}{\partial z}(K_z+p)+p \qquad x,y,z\in\Gamma_0,\ t\geqslant0$$

$$h(x,y,t)\big|_{\Gamma_1}=h_1(x,y,t) \qquad x,y\in\Gamma_1,\ t\geqslant0$$

$$K_n\frac{\partial h}{\partial n}\big|_{\Gamma_2}=q(x,y,z,t) \qquad x,y,z\in\Gamma_2,\ t\geqslant0$$

$$\frac{\partial h}{\partial n}+\lambda(x,y,z,t)h\big|_{\Gamma_3}=f(x,y,z,t) \qquad x,y,z\in\Gamma_3,\ t\geqslant0$$

式中：

Ω——渗流区域；

h——地下水系统的水位标高（m）；

K——含水介质的水平渗透系数（m/d）；

K_z——含水介质垂向渗透系数（m/d）；

ε——含水层的源汇项（1/d）；

h_0——系统的初始水位分布（m）；

S——自由面以下含水层储水率（1/m）；

Γ_0——渗流区域的上边界，即地下水的自由表面；

μ——潜水含水层在潜水面上的重力给水度；

p——潜水面的蒸发和降水入渗强度等（m/d）；

Γ_1——已知水位边界；

h_1——已知边界水位值（m）；

Γ_2——渗流区域的流量边界；

K_n——边界面法线方向的渗透系数（m/d）；

n——边界面的法线方向；

q——Γ_2边界的单位面积上的流量（m/d），流入为正，流出为负，隔水边界为0；

Γ_3——三类边界；

λ、f——已知水头函数。

值得注意的是，上式第三项为潜水面方程，是非线性方程。在数值计算中通常不直接求解该方程，而是将潜水面变化引起的重力释水或储水近似处理为垂向补排量。对于稳定流模型，第一项和第三项左侧数据为0。

②模拟软件选择

模拟采用有限差分方法，模拟软件选用GMS。GMS是由Brigham Young 大学环境模拟研究实验室（Environmental Modeling Research Laboratory）开发的基于概念模型的地下水环境模拟软件。GMS全面包容了模拟地下水各阶段所需的工具，如边界概化、建模、后处理、调参、可视化。

（3）模型离散

①模型空间离散

考虑到模拟精度，剖分网格大小确定为100 m × 100 m，活动单元格65925个，剖分结构示意图如图3-14所示。

图3-14　含水层网格剖分图

②模型时间离散

根据资料及地下水动态观测情况，非稳定流数值模拟模型的模拟期为2016年12月—2017年7月，将整个模拟期划分为7个应力期，每个应力期分为3个时间步长。以稳定流计算流场作为非稳定流模型的初始流场。

（4）模型识别与校验

模型的识别与验证是地下水数值模拟中重要的环节，任何一个用于预测的地下水流模型，都必须证明其对地下水系统的模拟是正确的，是具有一定精度的。模型的识别和校正直接影响着地下水资源评价、水位预测和科学管理的可靠性与精度。模型的识别与检验过程采用的方法为试估—校正法，它属于反求参数的间接方法之一。

通过建立稳定流和非稳定流模型，拟合同时期地下水位和长观孔历时曲线，识别水文地质参数、边界值和其他均衡项，使建立模型能够真实反映研究区水文地质条件，以便更精确地定量研究模拟区补给和排泄，预测开采条件下地下水流场的演化趋势。

模型的识别和验证主要遵循以下原则：①模拟的地下水流场要与实际地下水流场基本一致，即要求地下水模拟等值线与实测地下水位等值线形状相似；②模拟地下水的动态过程要与实测的动态过程基本相似，即要求模拟与实际地下水位过程线形状相似；③从均衡的角度出发，模拟的地下水均衡变化与实际要基本相符；④识别的水文地质参数要符合实际水文地质条件。

在以上四个原则的基础上，通过反复调整参数和均衡量，识别水文地质条件，确定模型结构、参数和均衡要素。稳定流模型得到潜水和第一承压含水岩组的流场及水位拟合见图3-15、图3-16。通过潜水含水层和第一承压含水层水位拟合结果（绿色代表观测值和计算值误差<2 m，黄色代表观测值和计算值误差在2~3 m，红色代表观测值和计算值误差>3 m）可以看出，拟合效果比较理想，模拟的潜水流场相比实测流场而言，更加真实地刻画出了渠系、排水沟与地下水之间的水力联系，更加接近实际情况。承压含水层的模拟流场与实测流场的总体趋势是一致的，在东部原崇兴镇水源地开采区形成了稳定的降落漏斗，更真实地表现了地下水流动系统的特征。

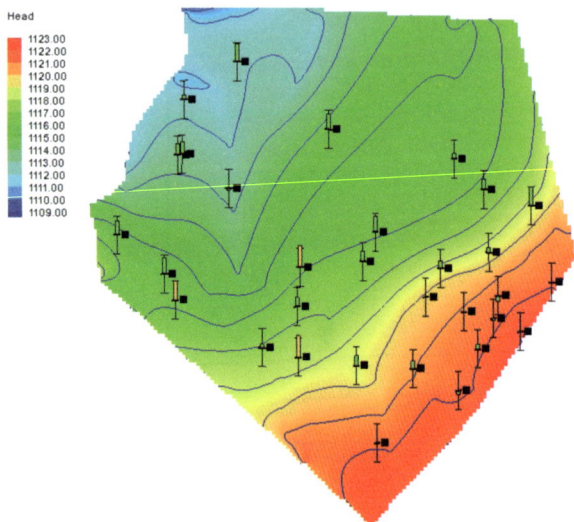

图3-15　稳定流模型潜水含水层等水位线及水位拟合图

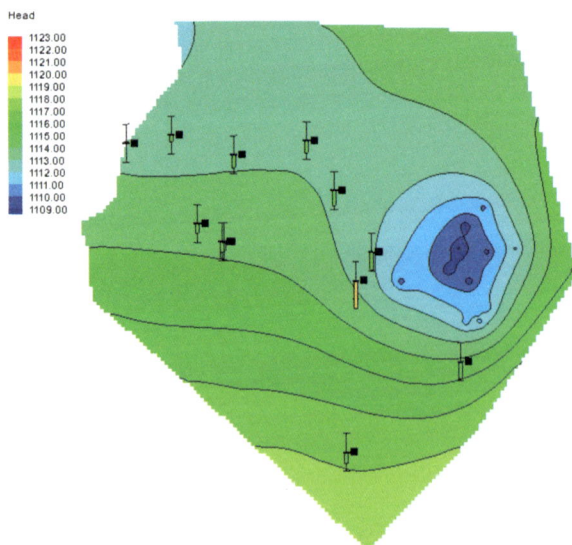

图3-16　稳定流模型第一承压含水层等水位线及水位拟合图

经过对模型的识别与验证过程，得到各含水岩组水文地质参数取值见表3-14。

表 3-14　识别后的水文地质参数分区及取值

潜水含水层							
区号	Kx=Ky	Kz	u	区号	Kx=Ky	Kz	u
1	3	0.3	0.15	6	2.2	0.2	0.14
2	5.2	0.5	0.16	7	3	0.3	0.15
3	6.4	0.6	0.14	8	7	0.7	0.14
4	10.2	0.9	0.18	9	2.6	0.26	0.17
5	2.5	0.25	0.13	10	1.1	0.1	0.13
第一承压含水层							
区号	Kx=Ky	Kz	Ss	区号	Kx=Ky	Kz	Ss
1	3.2	0.3	0.00143	4	9.5	1	0.00211
2	5.5	0.45	0.00152	5	2.5	0.25	0.00122
3	7.5	0.9	0.00148	6	3.5	0.3	0.00141
第二承压含水层							
区号	Kx=Ky	Kz	Ss	区号	Kx=Ky	Kz	Ss
1	1	0.1	0.00025	3	2.5	0.25	0.0027
2	1.2	0.12	0.00024	4	2.4	0.24	0.0026

根据建立的稳定流模型所得到的水位及参数拟合结果，建立非稳定流数值模型，并根据长观孔水位观测序列值对非稳定流模

型进行拟合，长观孔水位过程线拟合情况见图3-17。

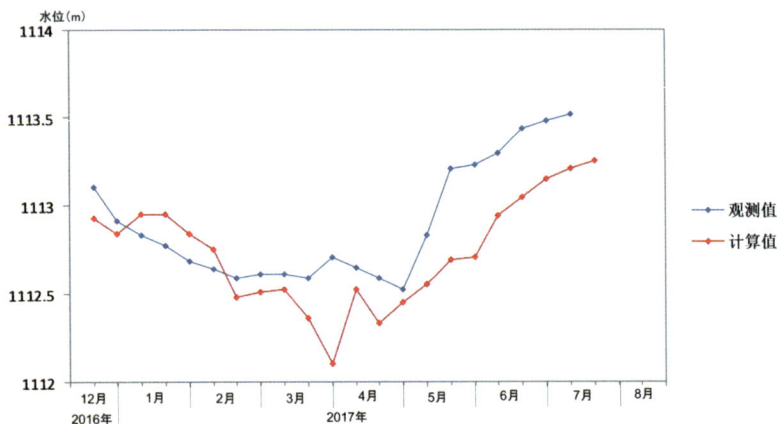

a. 8号长观孔水位拟合曲线

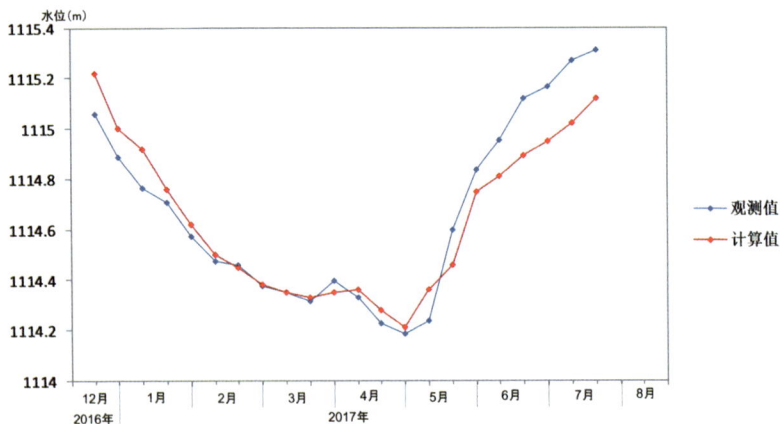

b. 9号长观孔水位拟合曲线

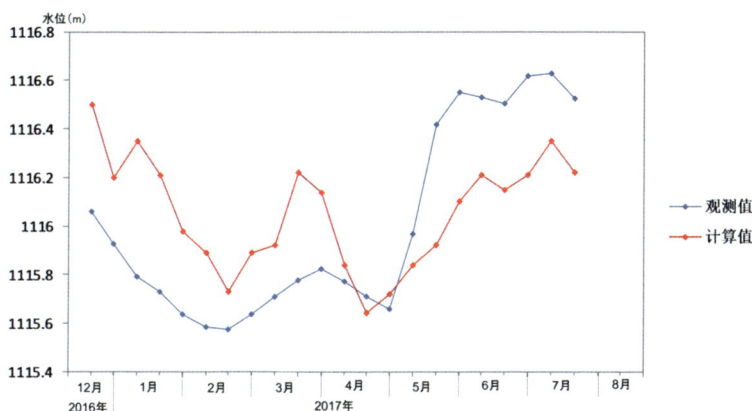

c. 10号长观孔水位拟合曲线

图3-17　长观孔水位拟合过程线

从观测孔水位和长观孔水位过程线拟合情况，以及识别的含水层水文地质参数来看，所建立的模型基本达到精度要求，符合研究区实际的水文地质条件，也基本上能较好地反映地下水系统的动态特征，故可利用此模型进行地下水资源评价和地下水流场演化的趋势性预测。

（5）模拟范围内预测漏斗区均衡分析

根据区域数值模型计算出灵武市崇兴镇水源地扩充勘探布井区预测漏斗（均衡法）范围内地下水均衡情况（见表3-15）。由该表均衡分析可知，预测漏斗区模拟期内地下水总补给量为$3.925 \times 10^4 \, \mathrm{m}^3/\mathrm{d}$，总排泄量为$4.192 \times 10^4 \, \mathrm{m}^3/\mathrm{d}$，均衡差为$-0.267 \times 10^4 \, \mathrm{m}^3/\mathrm{d}$，为负均衡。其中潜水含水层总补给量为$3.625 \times 10^4 \, \mathrm{m}^3/\mathrm{d}$，总排泄量为$3.874 \times 10^4 \, \mathrm{m}^3/\mathrm{d}$，均衡差为$-0.249 \times 10^4 \, \mathrm{m}^3/\mathrm{d}$，为负均衡。第一承压含水层总补给量为$0.203 \times 10^4 \, \mathrm{m}^3/\mathrm{d}$，总排泄量为$0.22 \times 10^4 \, \mathrm{m}^3/\mathrm{d}$，均衡差

为 $-0.017 \times 10^4\,\mathrm{m^3/d}$；第二承压含水层总补给量为 $0.097 \times 10^4\,\mathrm{m^3/d}$，总排泄量为 $0.098 \times 10^4\,\mathrm{m^3/d}$，均衡差为 $-0.001 \times 10^4\,\mathrm{m^3/d}$。

其中潜水含水层补给项中，田间灌溉入渗量和渠系渗漏补给量是模拟区潜水的主要补给来源，分别占总补给量的45.57%和36.55%；侧向径流补给量占总补给量的10.46%。排泄项中，排水沟排泄是潜水含水层的主要排泄途径，占总排泄量的63.04%；其次是蒸发排泄，占排泄量的22.48%。承压含水层主要接受地下水的侧向径流补给，约占总补给量的58.13%，排泄途径主要为地下水的侧向流出。

表 3–15　预测漏斗区模拟期地下水均衡

均衡项		潜水含水层		第一承压含水岩组		第二承压含水岩组		小计
		补排量（万 m³/d）	比例（%）	补排量（万 m³/d）	比例（%）	补排量（万 m³/d）	比例（%）	
补给项	降水入渗	0.264	7.28					0.264
	田渗	1.652	45.57					1.652
	黄河补给	0.005	0.14					0.005
	侧向径流	0.379	10.46	0.118	58.13	0.075	77.32	0.572
	渠系渗漏	1.325	36.55					1.325
	越流			0.085	41.87	0.022	22.68	0.107
	合计	3.625	100.00	0.203	100.00	0.097	100.00	3.925

续表

均衡项		潜水含水层		第一承压含水岩组		第二承压含水岩组		小计
		补排量（万 m³/d）	比例（%）	补排量（万 m³/d）	比例（%）	补排量（万 m³/d）	比例（%）	
排泄项	潜水蒸发	0.871	22.48					0.871
	排水沟	2.442	63.04					2.442
排泄项	侧向排泄	0.451	11.64	0.198	90	0.098	100	0.747
	开采量	0.025	0.65					0.025
	越流	0.085	2.19	0.022	10			0.107
	合计	3.874	100	0.22	100	0.098	100	4.192
总计	总补排差	−0.249		−0.017		−0.001		−0.267

（6）地下水开采资源评价与预测

①开采预测模型条件

在现状开采模拟条件的基础上，根据拟选水源地规划方案布置开采井，进行满负荷开采20年，模型计算的时间单位为天，时间步长取1个月，每月的天数为实际天数，预测期内共计7300天，240个计算时段。

开采预测模型所需数据和资料：a. 为了体现降水年际变化特点，降水入渗采用1991—2011年的降水量来计算降水入渗补给量，将其代入模型中；b. 开采量在维持现状开采条件的同时，加入拟建水源地的设计开采量；c. 田间灌溉回渗量以面状补给的形式导入模型，排水沟排泄地下水量利用 Drain 模块导入模型；d. 蒸发量利用1991—2011年的蒸发数据，由模型自动计算。

②预测模型水位变化分析

规划开采条件下，采用模型调试后的水文地质参数，将各源汇项数据代入已建立的地下水流模型中，运行20年预测模型，得出承压含水层20年后地下水等水位线图（图3-18）和地下水的水位埋深图（图3-19）。从图中可以看出，地下水水流与初始水位相比发生较大变化。水源地开采井附近受集中开采的影响出现明显的降落漏斗。图3-19为2037年8月承压含水层地下水水位埋深图，水源地集中开采20年后，承压水水头下降，开采中心区最大水位埋深为16.75 m，与前文干扰叠加法和开采强度法所计算的预测末期最大水位埋深基本一致，未超过允许降深40 m，满足拟选水源地的开采要求。

③预测期均衡分析

设计开采井布置在承压含水层，不仅造成本层含水层的补给和排泄发生明显变化，潜水含水层的补给和排泄也会受到一定程度的影响。通过预测模型运算，最终得出模拟区设计开采条件下多年平均地下水补排量，将现状条件下和设计开采条件下的均衡进行对比分析，可以得出潜水含水层和承压含水层地下水各补排量的变化（见表3-16、表3-17）。

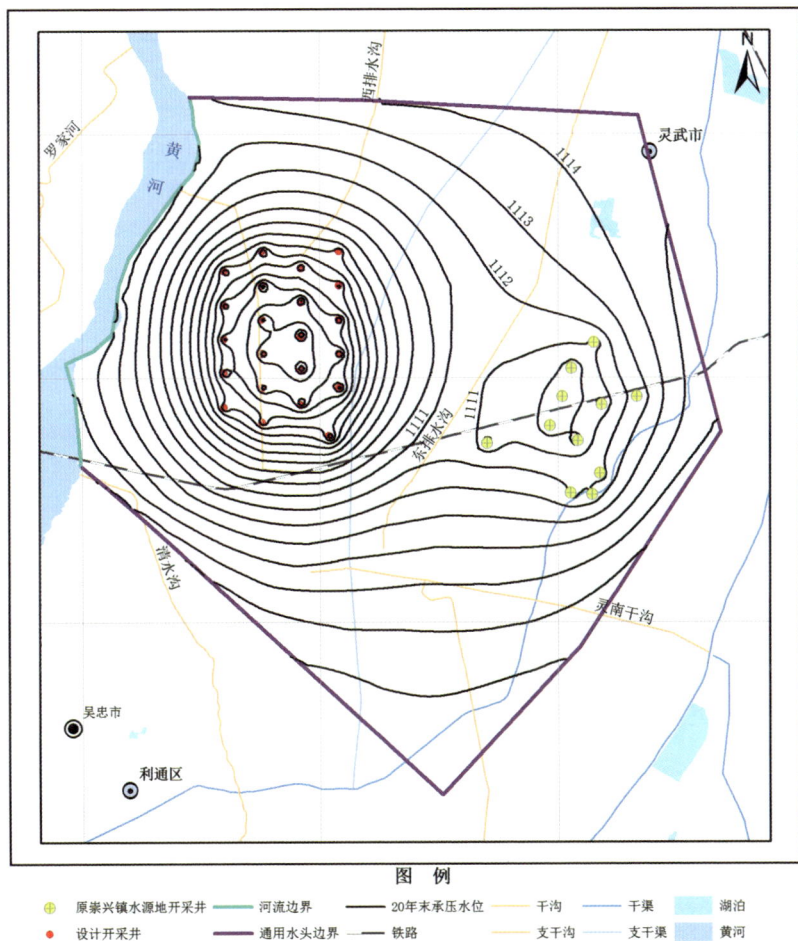

图3-18　预测20年后第一承压含水层等水位线

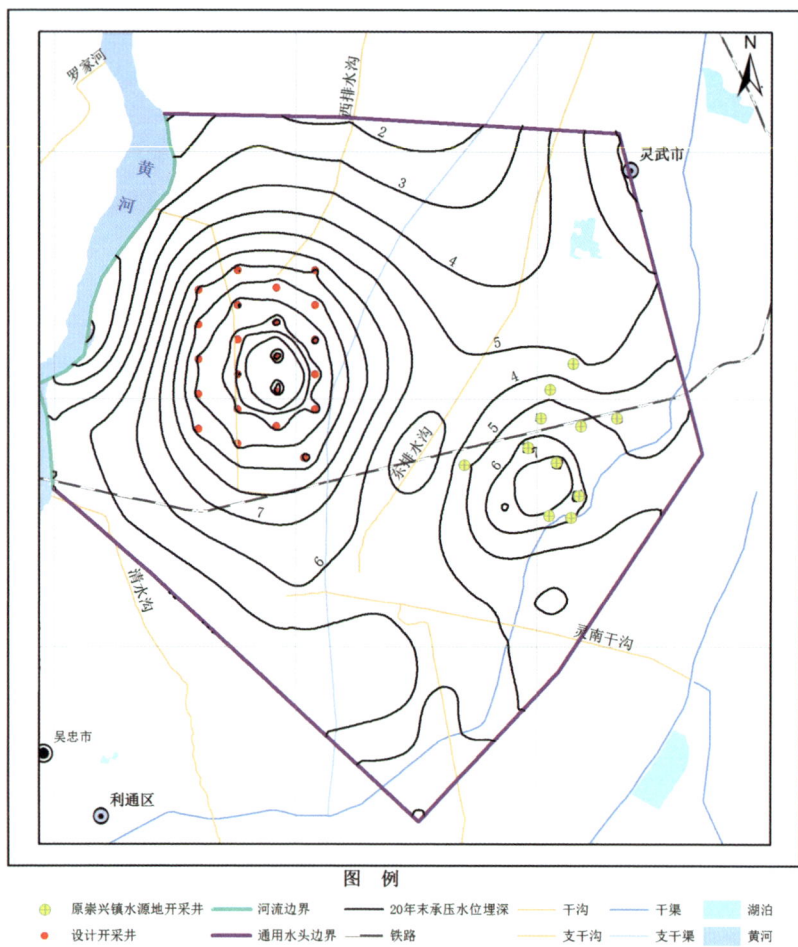

图3-19　预测20年后第一承压含水层水位埋深

表 3-16　预测模型潜水含水层地下水 20 年平均补排量对比

均衡项		潜水含水层	
		现状开采条件下	水源地设计开采条件下
		数量（万 m³/d）	数量（万 m³/d）
补给项	降水入渗	0.264	0.142
	田渗	1.652	1.843
	黄河补给	0.005	0.125
	侧向径流	0.379	0.485
	渠系渗漏	1.325	1.452
	越流	0.015	
	合计	3.64	4.047
排泄项	潜水蒸发	0.871	0.251
	排水沟	2.442	1.052
	侧向排泄	0.451	0.212
	开采量	0.025	0.025
	越流		2.99
	合计	3.789	4.53
总计	总补排差	−0.149	−0.483

表 3-17 预测模型第一承压含水层地下水 20 年平均补排量对比

均衡项		第一承压含水层	
		现状开采条件下	水源地设计开采条件下
		数量（万 m³/d）	数量（万 m³/d）
补给项	侧向径流	0.118	1.877
	越流	0.085	2.99
	弹性释水量		0.043
	合计	0.203	4.91
排泄项	侧向排泄	0.198	
	开采量		4.8
	越流	0.022	
	合计	0.22	4.8

由表3-16、表3-17可知，拟选水源地在规划开采条件下，潜水和第一承压含水层的水量都发生了变化。设计开采条件下，潜水含水层蒸发量、排水沟排泄量明显减少，向承压含水层越流排泄量明显增加。作为开采层位，承压含水层由于地下水集中开采，激发边界侧向流入量和越流量，边界侧向流出量减少，成为规划开采量的重要组成部分，并动用少量的储存量。

分析水源地开采量（4.8万 m³/d）的来源，可以看出开采主要来源于越流补给量和边界侧向流入量的增加，分别占开采量组成部分的60.5% 和36.64%，其中越流补给量的增多主要来源于潜水含水层蒸发量和排水沟排泄量的减少，在此基础上，动用少量弹性释水。由此可见，水源地规划开采量是有保证的。

3.3　地下水水质评价

地下水水质评价采用地下水质量评价和一般锅炉用水评价，地下水质量评价标准采用《生活饮用水卫生标准》（GB5749—2006）进行单因子评价，采用《地下水质量标准》（GB/T14848—92）进行综合评价，锅炉用水根据"一般锅炉用水水质评价指标"进行评价。

3.3.1　生活用水水质评价

勘查工作在非稳定流抽水试验L08孔采集106项指标样送往北京华测北方检测技术有限公司（具备CMA资质）分析化验。故生活饮用水水质评价以L08号孔的水质化验资料为对象，使用《生活饮用水卫生标准》（GB5749—2006）对各项分析元素作对比分析，其余钻孔及部分调查样进行全分析、有毒元素和五种毒性离子分析。

经检测，化验的L08孔，除钠离子略微超标外，其余均满足《生活饮用水卫生标准》（GB5749—2006）。总体评价该孔水质较好，该地区可作为集中供水水源且水质有一定的保证。

工作采集全分析、有毒元素和五项毒物分析样37组，含13组调查水样和24组钻孔水样，这些水样按照含水岩组划分，其中第Ⅱ含水岩组水样18组，第Ⅲ含水岩组水样5组，第Ⅰ含水岩组水样10组。

依据国家《生活饮用水卫生标准》（GB5749—2006）规定的感官性状指标、一般化学指标、毒理指标、微生物指标和放射性指标，对开采目的层（第Ⅱ含水岩组）作出评价，结果见表3-18、

表3-19、表3-20、表3-21。

从评价结果表中看出本地区主要开采目的层地下水为：

（1）感官性状：仅L06、L09色度超标，分析认为可能受送样时间影响。基本评价为无色、无味、无嗅、透明、无肉眼可见物。

（2）一般化学成分：水源地勘探19眼钻孔中，主要以氟、溶解性总固体、铁、锰为主要超标项，其余各项均未超过生活饮用水卫生标准。

①溶解性总固体：有L01、L02、L07、L14孔共4孔略微超标，主要集中在研究区北部地区杨洪桥乡，水化学类型为硫酸-氯化物型水，且硫酸盐、氯化物总硬度明显超标。

②氟化物：有7孔超标，主要集中在研究区东侧，具体位置为农场渠以东，郝家桥镇以北地区，且由南向北呈递增趋势。氟离子超标原因主要是地层与沉积环境。

③铁、锰离子：有7孔超标，主要集中在研究区北部杨洪桥乡，铁、锰离子明显超标，研究区南部（具体位置郝家桥乡以南）锰离子明显超标。另外勘探共布设5眼第Ⅲ含水岩组钻孔，通过对第Ⅲ含水岩组水样分析发现5孔锰离子均超标铁离子基本不超标。因此铁、锰离子超标原因主要是地层与沉积环境，见图3-20。

④硝酸盐、亚硝酸盐：不超标。

⑤氨氮：有7孔超标，主要集中在研究区北部杨洪桥乡及距排水沟较近的孔（略超标），见图3-21。

⑥钠离子：有9孔超标，该地区钠离子超标较多，见图3-22。

（3）微生物指标：所检测项目均满足生活饮用水卫生标准。

（4）放射性指标：所检测项目均满足生活饮用水卫生标准。

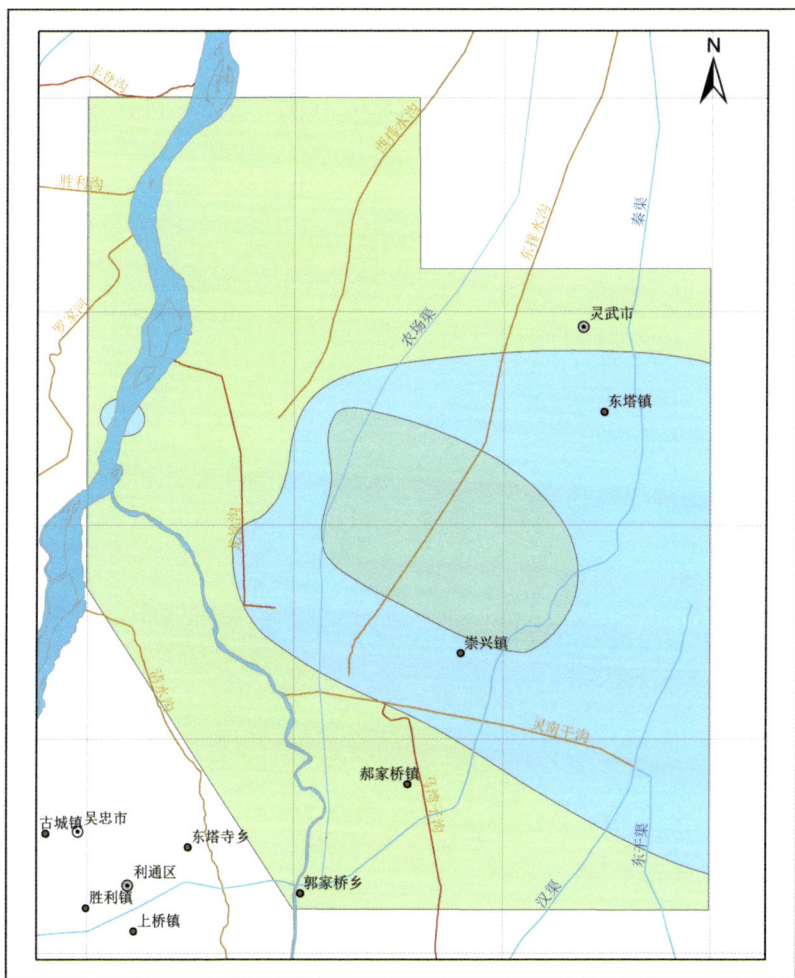

图3-20　勘探区第Ⅱ含水岩组锰离子分布图

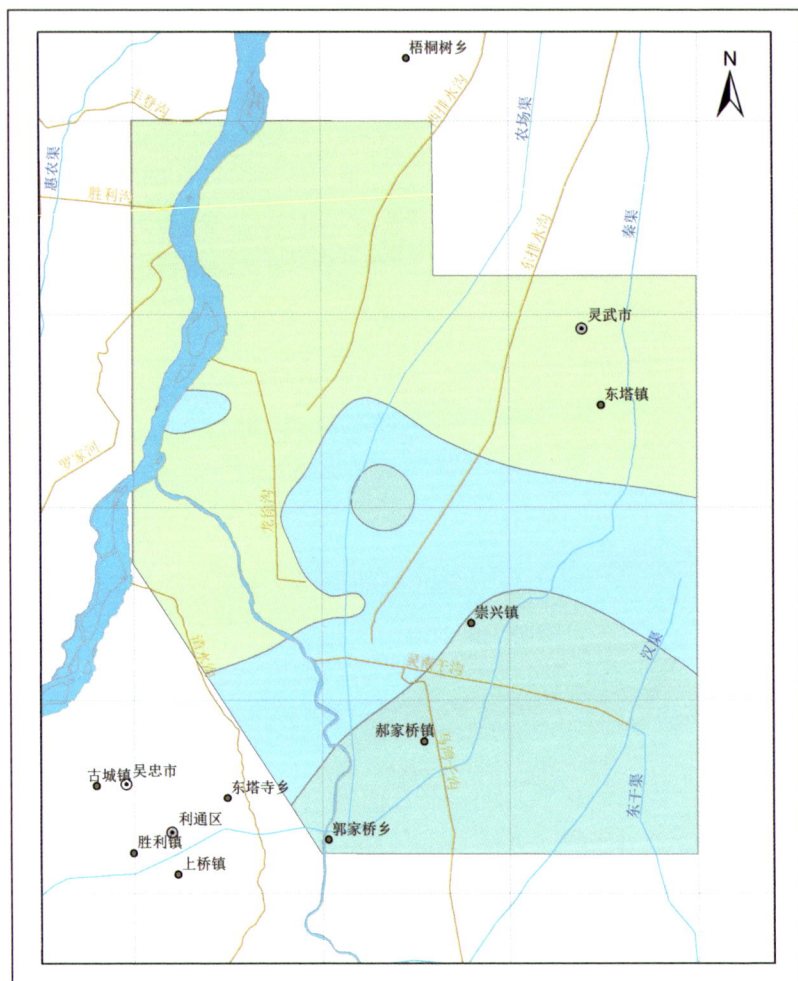

图例

- 乡、镇驻地　◎ 县级政府　◎ 地级市　—— 支干渠　—— 干渠　—— 支干沟　—— 干沟　■ 河流

氨氮含量（mg/L）　■ 0.02-0.2　■ 0.2-0.5　■ >0.5

图3-21　勘探区第Ⅱ含水岩组氨氮分布图

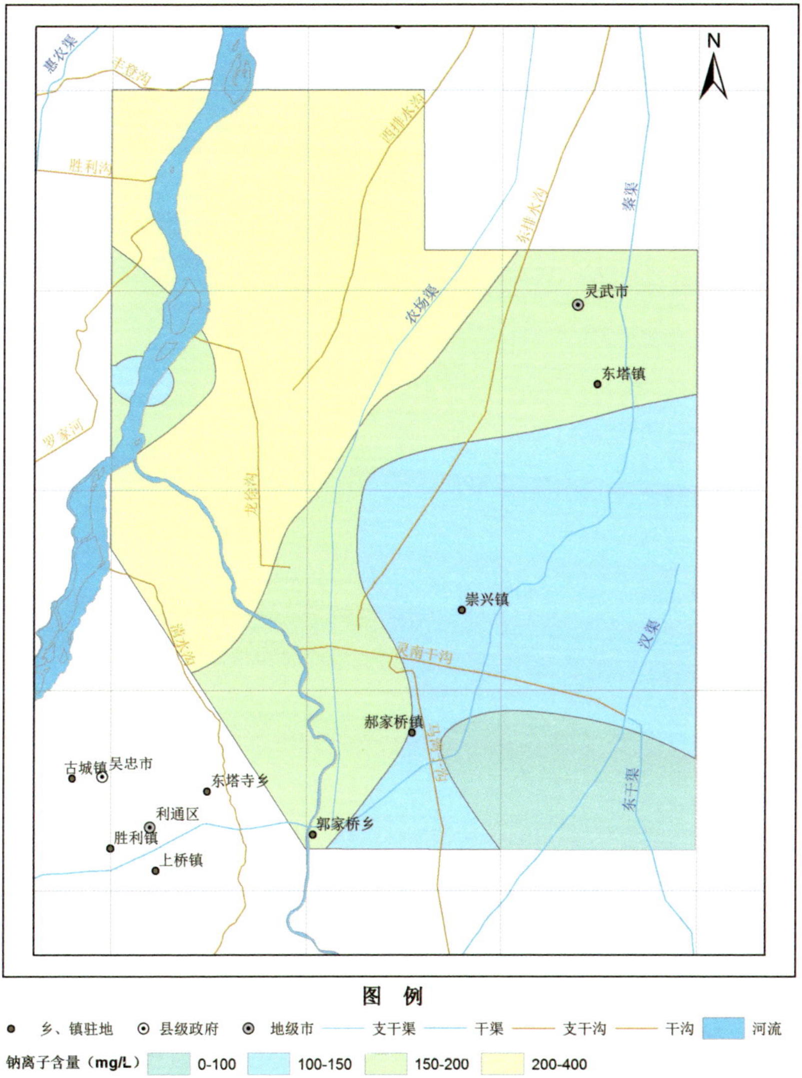

图3-22 勘探区第Ⅱ含水岩组钠离子分布图

表 3-18 钻孔第Ⅱ含水岩组生活饮用水超标离子统计

监测项目	标准	第Ⅱ含水岩组样品总数	第Ⅱ含水岩组超标样品数	第Ⅱ含水岩组超标率	勘探Ⅱ组样品超标最大值	布井区降落漏斗内超标最大值	布井区降落漏斗内超标样品编号
NH_4^+	≤ 0.5 mg/l	18	7	39%	1.94	0.97	L04、L07、L12、观2
TFe（全铁）	≤ 0.3 mg/l	18	3	17%	1	1	L07
Cl^-	≤ 250 mg/l	18	3	17%	611.95	356.72	L07
SO_4^{2-}	≤ 250 mg/l	18	4	22%	543.81	473.5	L04、L07
F^-	≤ 1.0 mg/l	18	6	33%	3.19	2.78	L09、L12
TDS	≤ 1000 mg/l	18	3	17%	1854.41	1617.02	L07
总硬度	≤ 450 mg/l	18	3	17%	1017.73	549.25	L07
pH值	6.5~8.5	18	1	6%	8.65	8.65	L09
色度	≤ 15 度	18	2	11%	35	16	L09
钠	≤ 200 mg/l	18	9	50%	362	362	L04、L05、L07、L08、观2、观3
锰	≤ 0.1 mg/l	18	8	44%	0.307	0.293	L03、L04、L07

表 3-19　钻孔第 Ⅱ 含水岩组生活饮用水水质评价表（GB5749—2006）

编号	含水岩组	检验结果（超标离子）	色 ≤15度	pH 6.5~8.5	溶解性总固体 ≤1000 mg/L	总硬度（以CaCO₃计）≤450 mg/L	硫酸盐（SO₄²⁻）≤250 mg/L	氯化物（Cl⁻）≤250 mg/L	全铁（Fe）≤0.3 mg/L	锰（Mn）≤0.1 mg/L
L01	Ⅱ	溶解性总固体、总硬度、SO_4^{2-}、Cl^-、Fe、Mn	3	7.88	1470.31	644.53	469.30	376.13	0.43	0.231
L02	Ⅱ	溶解性总固体、总硬度、SO_4^{2-}、Cl^-、Fe、Mn	3	7.85	1854.41	1017.73	543.81	611.95	0.53	0.307
L03	Ⅱ	Mn	12	8.27	817.44	309.68	181.70	202.99	0.30	0.184
L04	Ⅱ	SO_4^{2-}、Mn	3	7.91	995.86	271.97	272.67	214.93	0.22	0.147
L05	Ⅱ		8	8.28	708.32	119.66	193.60	94.03	0.04	0.036
L06	Ⅱ	色度	35	8.24	619.66	80.94	127.05	70.15	0.08	0.062
L07	Ⅱ	溶解性总固体、总硬度、SO_4^{2-}、Cl^-、Fe、Mn	2	7.79	1617.02	549.25	473.50	356.72	1.00	0.293

续表

编号	含水岩组	检验结果（超标离子）	色 ≤15度	pH 6.5~8.5	溶解性总固体 ≤1000 mg/L	总硬度（以CaCO$_3$计） ≤450 mg/L	硫酸盐（SO$_4^{2-}$） ≤250 mg/L	氯化物（Cl$^-$） ≤250 mg/L	全铁（Fe） ≤0.3 mg/L	锰（Mn） ≤0.1 mg/L
L09	II	色度、pH	16	8.65	418.35	57.35	69.02	35.82	0.10	0.035
L10	I		2	8.37	365.85	66.82	52.25	27.86	0.05	0.027
L11	II		7	8.08	603.36	204.00	111.30	137.32	0.12	0.079
L12	II		2	8.17	554.17	139.18	99.25	54.18	0.13	0.08
L13	II		2	8.26	471.55	128.84	99.51	86.57	0.030	0.053
L14	II		3	8.24	828.51	374.99	200.70	150.75	0.210	0.161
L15	II	Mn	3	7.91	835.35	355.49	226.50	144.78	0.090	0.136
L16	II	Mn	2	8.07	525.51	269.03	97.47	113.44	0.150	0.129
观2	II	Mn	3	7.31	696.54	112.76	141.50	79.11	0.120	0.053
观3	II		8	8.28	762.69	136.20	174.80	82.09	0.150	0.073

表3-20 钻孔第Ⅱ含水岩组生活饮用水质评价表（GB5749—2006）

编号	含水岩组	检验结果（超标离子）	标准	铜（Cu）≤1 mg/L	锌（Zn）≤1 mg/L	铬（Cr^{6+}）≤0.05 mg/L	挥发性酚类（以苯酚计）≤0.002 mg/L	氟化物（F$^-$）≤1 mg/L	氰化物≤0.05 mg/L	砷（As）≤0.01 mg/L	镉（Cd）≤0.005 mg/L
L01	Ⅱ			0.004	0.002	0.002	0.001	0.22	0.001	0.0016	0.001
L02	Ⅱ			0.001	0.006	0.002	0.001	0.26	0.001	0.0010	0.001
L03	Ⅱ			0.007	0.005	0.004	0.001	0.36	0.001	0.0001	0.001
L04	Ⅱ			0.006	0.020	0.002	0.001	0.23	0.001	0.0003	0.001
L05	Ⅱ			0.002	0.005	0.002	0.001	0.55	0.002	0.0013	0.001
L06	Ⅱ	F$^-$		0.001	0.011	0.002	0.001	3.19	0.001	0.0006	0.001
L07	Ⅱ			0.001	0.005	0.002	0.001	0.27	0.001	0.0005	0.001
L09	Ⅱ	F$^-$		0.001	0.001	0.003	0.001	2.78	0.001	0.0001	0.001
L10	Ⅱ	F$^-$		0.002	0.002	0.002	0.001	2.41	0.001	0.0004	0.001
L11	Ⅱ			0.006	0.003	0.002	0.001	0.30	0.001	0.0001	0.001
L12	Ⅱ	F$^-$		0.008	0.005	0.002	0.001	1.48	0.001	0.0005	0.001
L13	Ⅱ	F$^-$		0.001	0.008	0.002	0.001	1.34	0.001	0.0008	0.001
L14	Ⅱ			0.002	0.001	0.003	0.001	0.95	0.001	0.001	0.001

续表

编号	含水岩组	检验结果（超标离子）	铜（Cu）≤ 1 mg/L	锌（Zn）≤ 1 mg/L	铬（Cr⁶⁺）≤ 0.05 mg/L	挥发性酚类（以苯酚计）≤ 0.002 mg/L	氟化物（F⁻）≤ 1 mg/L	氰化物 ≤ 0.05 mg/L	砷（As）≤ 0.01 mg/L	镉（Cd）≤ 0.005 mg/L
标准			$\leq$ 1 mg/L	$\leq$ 1 mg/L	$\leq$ 0.05 mg/L	$\leq$ 0.002 mg/L	$\leq$ 1 mg/L	$\leq$ 0.05 mg/L	$\leq$ 0.01 mg/L	$\leq$ 0.005 mg/L
L15	II	F⁻	0.004	0.005	0.002	0.001	1.11	0.001	0.0011	0.001
L16	II		0.005	0.006	0.002	0.001	0.91	0.001	0.0001	0.001
观2	II		0.007	0.005	0.004	0.001	0.41	0.001	0.0001	0.001
观3	II		0.006	0.005	0.004	0.001	0.63	0.001	0.0001	0.001

表 3-21　钻孔第 II 含水岩组生活饮用水水质评价表（GB5749—2006）

编号	含水岩组	检验结果（超标离子）	汞（Hg）≤ 0.001mg/L	铅（Pb）≤ 0.01 mg/L	硝酸盐（以NO₃计）≤ 20 mg/L	亚硝酸盐（以NO₂计）≤ 1 mg/L	COD（以O₂计）≤ 3 mg/L	氨氮（NH₄⁺）≤ 0.5 mg/L	钠（Na）≤ 200 mg/L
标准			$\leq$ 0.001mg/L	$\leq$ 0.01 mg/L	$\leq$ 20 mg/L	$\leq$ 1 mg/L	$\leq$ 3 mg/L	$\leq$ 0.5 mg/L	$\leq$ 200 mg/L
L01	II	NH₄⁺、Na	0.0003	0.001	0.26	0.004	1.32	1.30	265.30
L02	II	NH₄⁺、Na	0.0001	0.001	0.26	0.004	1.68	1.94	250.09
L03	II		0.0002	0.005	0.61	0.004	1.60	0.44	179.45

续表

编号	含水岩组	检验结果（超标离子）/标准	汞（Hg）≤0.001mg/L	铅（Pb）≤0.01 mg/L	硝酸盐（以NO_3计）≤20 mg/L	亚硝酸盐（以NO_2计）≤1 mg/L	COD(以O_2计)≤3 mg/L	氨氮（NH_4^+）≤0.5 mg/L	钠(Na)≤200 mg/L
L04	II	NH_4^+、Na	0.0001	0.005	0.51	0.004	1.64	0.80	262.50
L05	II	Na	0.0001	0.001	0.63	0.010	1.84	0.34	220.10
L06	II	NH_4^+、Na	0.0001	0.001	0.51	0.004	2.80	0.76	201.80
L07	II	NH_4^+、Na	0.0001	0.001	0.51	0.004	2.08	0.97	362.00
L09	II		0.0001	0.001	0.50	0.004	2.60	0.05	139.50
L10	II		0.0002	0.001	0.26	0.004	2.04	0.30	117.91
L11	II		0.0001	0.001	15.01	0.008	1.40	0.44	132.10
L12	II	NH_4^+	0.0001	0.005	0.50	0.000	1.68	0.53	157.20
L13	II		0.0001	0.001	0.26	0.00	1.28	0.08	123.140
L14	II		0.0001	0.001	0.49	0.01	1.00	0.15	172.600
L15	II		0.0001	0.001	0.50	0.00	1.24	0.10	178.100
L16	II		0.0001	0.005	0.51	0.07	1.08	0.06	88.630
观2	II	NH_4^+、Na	0.0002	0.005	0.50	0.00	1.96	0.60	217.550
观3	II	Na	0.0001	0.005	0.50	0.00	2.16	0.38	230.550

3.3.2 地下水质量评价

地下水质量评价是根据勘探施工钻孔所取得的水质资料进行评价。

（1）评价因子和方法

以勘探资料作为评价基础，选取色度、pH值、总硬度、溶解性总固体、硫酸盐、氯化物、铁、锰、铜、锌、挥发性酚类、硝酸盐、亚硝酸盐、氟化物、氰化物、汞、砷、铬、铅、镉20项作为评价因子。

评价方法依据中华人民共和国《地下水质量标准》（GB/T14848—92）对开采目的层进行地下水质量评价，水质评价采用综合指数法，综合评价分值 F 计算公式：

$$F=\sqrt{\frac{\overline{F}^2+F^2_{max}}{2}} \qquad \overline{F}=\frac{1}{n}\sum_{i=1}^{n}F_i$$

式中：

$\overline{F}$——单项组分评价值 F_i 的平均值；

F_{max}——单项组分评价值 F_i 的最大值；

n——项数。

根据水质单项因子对照表3-22评价水质综合指数 F 值，按表3-23划分地下水水质级别。

表 3-22　单项因子评价分值对照表

类别	Ⅰ	Ⅱ	Ⅲ	Ⅳ	Ⅴ
Fi	0	1	3	6	10

表 3-23　地下水水质级别划分表

级别	优良	良好	较好	较差	极差
综合指数（F）	<0.80	0.80<F<2.50	2.50<F<4.25	4.25<F<7.20	>7.20

（2）综合评价方法

地下水质量综合评价是依据地下水水质分级、溶解性总固体和氟化物含量进行评价，见表3-24。

表 3-24　地下水质量综合评价分级表

地下水质量综合评价分级		地下水质量分级	溶解性总固体分级（g/L）	氟化物分级（mg/L）
Ⅰ级	可供饮用的地下水	1级（优良）	<1	<1
		2级（良好）		
		3级（较好）		
Ⅱ级	适当处理后可供饮用的地下水	4级（较差）	1~3	>1 或 <1
Ⅲ级	可供工农业利用的地下水	5级（极差）	1~3 或 3~6	
Ⅳ级	不可直接利用的地下水		3~6 或 >6	

对所有钻孔所取的全分析、五毒、有毒水样进行地下水质量综合评价，评价结果见表3-25。

由地下水质量综合评价分级结果可知，钻探的19眼探采结合孔中12孔达到Ⅰ级，为可供饮用的地下水资源，在水源地设计开采井漏斗区范围内除L09孔水质评价为Ⅱ级外，有9眼井（L03、

L04、L05、L07、L08、L09、L12、观2、观3）水质均为Ⅰ级。说明布井区内地下水为可供饮用的地下水，再次反映布井区选区科学合理。而在漏斗区外，水质较差，地下水水质评价为Ⅲ级，主要是由于溶解性总固体及氟化物超标较多造成的。

表 3-25 地下水质量综合评价表

钻孔编号	含水岩组	$\overline{F}$	F_{max}	F	级别	TDS（g/L）	氟化物（mg/L）	地下水质量综合评价分级	
								分级	评价
L01		2.6	10	7.31	极差	1.47	0.22	Ⅲ级	不太适宜饮用的地下水
L02	Ⅱ	2.55	10	7.30	极差	1.85	0.26	Ⅲ级	不太适宜饮用的地下水
L03		1.05	6	4.25	较好	0.82	0.36	Ⅰ级	可供饮用的地下水
L03	Ⅲ	0.95	6	4.15	较好	0.82	0.29	Ⅰ级	可供饮用的地下水
L04		1.35	6	4.24	较好	0.99	0.23	Ⅰ级	可供饮用的地下水
L05	Ⅱ	0.6	3	2.16	良好	0.71	0.55	Ⅰ级	可供饮用的地下水
L06		1.2	10	7.12	较差	0.62	3.19	Ⅲ级	适当处理可供饮用
L06	Ⅲ	1.15	6	4.32	较差	0.70	3.76	Ⅱ级	适当处理可供饮用
L07	Ⅱ	1.15	6	4.11	较好	1.62	0.27	Ⅰ级	可供饮用的地下水
L08		0.55	3	2.16	良好	0.68	0.41	Ⅰ级	可供饮用的地下水
L09	Ⅱ	0.8	6	4.28	较差	0.42	2.78	Ⅱ级	适当处理可供饮用

钻孔编号	含水岩组	$\overline{F}$	F_{max}	F	级别	TDS (g/L)	氟化物 (mg/L)	地下水质量综合评价分级	
								分级	评价
L10		0.55	6	4.26	较差	0.37	2.41	Ⅱ级	适当处理可供饮用
L11		0.9	3	2.21	良好	0.60	0.30	Ⅰ级	可供饮用的地下水
L12	Ⅱ	0.85	6	4.21	较好	0.55	1.48	Ⅰ级	可供饮用的地下水
L13		0.65	6	4.27	良好	0.47	1.34	Ⅰ级	可供饮用的地下水
L14		0.95	6	4.19	较好	0.83	0.95	Ⅰ级	可供饮用的地下水
L14	Ⅲ	2	6	4.47	较差	1.02	1.22	Ⅲ级	不太适宜饮用的地下水
L15	Ⅱ	0.95	6	4.19	较好	0.84	1.11	Ⅰ级	可供饮用的地下水
L16		0.65	6	4.27	较好	0.53	0.91	Ⅰ级	可供饮用的地下水
L16	Ⅲ	0.95	6	4.30	良好	0.67	0.26	Ⅱ级	适当处理可供饮用
观2	Ⅱ	0.55	3	2.16	良好	0.70	0.41	Ⅰ级	可供饮用的地下水
观3		0.8	3	2.20	良好	0.76	0.63	Ⅰ级	可供饮用的地下水
观3	Ⅲ	0.8	6	4.24	较好	0.62	0.45	Ⅰ级	可供饮用的地下水

3.3.3　锅炉用水水质评价

锅炉用水水质评价是通过对地下水的成垢作用、腐蚀作用和起泡作用进行综合评价，用上述三项指标来量化一般锅炉用水水质。一般锅炉用水水质评价指标见表3-26。

表 3-26　一般锅炉用水水质评价标准

成 垢 作 用				起 泡 作 用		腐 蚀 作 用	
锅垢总量（Ho）		成垢系数（Kn）		按起泡系数（F）		按腐蚀系数（Kk）	
指标	水质类型	指标	水质类型	指标	水质类型	指标	水质类型
<125	锅垢很少的水	<0.25	软垢质的水	<60	不起泡的水	>0	腐蚀性水
125~250	锅垢少的水	0.25~0.5	软—硬垢质的水	60~200	半起泡的水	<0 但 Kk+0.0503Ca2+>0	半腐蚀性水
250~500	锅垢多的水	>0.5	硬垢质的水	>200	起泡的水	<0 但 Kk+0.0503Ca2+<0	非腐蚀性水
>500	锅垢很多的水						

（1）成垢作用

水在高温高压的锅炉中，产生着复杂的化学反应，同时可生成某些化合物，这些化合物可附着在锅炉的内壁上，即称为锅垢。通过水垢系数 K_n 值计算，即对生成沉淀物性质进行分类后予以量化和评价。

评价计算公式如下：

$$H_0=S+C+36rFe^{2+}+17rAl^{3+}+20rMg^{2+}+59rCa^{2+}$$

$$H_n=SiO_2+20rMg^{2+}+68（rCl^-+rSO4^{2-}-rNa^+-rK^+）$$

$$K_n=\frac{H_n}{H_0}$$

式中：

K_n——成垢系数；

H_0——锅垢总重量（mg/l）；

H_n——硬垢重量（mg/l）；

S——水中悬浮物含量（mg/l）；

C——水中胶体含量（mg/l）；

SiO_2——二氧化硅含量（mg/l）；

rFe^{2+}、rMg^{2+}、rCa^{2+}……各种离子的毫克当量（mmol/l）。

（2）起泡作用

采用起泡系数 F 评价，计算公式如下：

$$F=62rNa^+ + 78rK^+$$

式中：

F——起泡系数，其他符号意义同前。

（3）腐蚀作用

水的腐蚀性按腐蚀系数（KK）进行定量评价。

对酸性水：

$$K_K = 1.008（rH^+ + rAl^{3+} + rFe^{2+} + rMg^{2+} - rCO_3^{2-} - rHCO_3^-）$$

对碱性水：

$$K_K = 1.008（rMg^{2+} - rHCO_3^-）$$

式中：

K_K——腐蚀系数。其他符号意义同前。

一般锅炉用水水质评价，采用钻孔水质资料进行评价。根据以上各式，计算出调查评价区内地下水的锅垢总量、成垢系数、起泡系数及腐蚀系数，计算结果见表3-27。

经上述综合评价可知，研究区范围内，地下水以垢质少、硬垢质、半起泡、非腐蚀性的水为主。

表 3-27   一般锅炉用水水质评价结果

孔号	成垢作用				起泡作用		腐蚀作用	
	锅垢总量（H0）		锅垢系数（Kn）		起泡系数（F）		腐蚀系数（Kk）	
	实测值	评价	实测值	评价	实测值	评价	实测值	评价
L01	522.35	锅垢很多的水	1.38	硬垢质的水	721.00	起泡	1.96	半腐蚀性的水
L02	828.40	锅垢很多的水	1.68	硬垢质的水	678.92	起泡	6.37	腐蚀性的水
L03	233.79	锅垢少的水	0.76	硬垢质的水	491.79	起泡	-0.92	非腐蚀性的水
L04	217.56	锅垢少的水	0.33	软—硬垢质的水	712.67	起泡	-1.80	半腐蚀性的水
L05	88.22	锅垢很少的水	-1.95	软垢质的水	596.95	起泡	-3.46	非腐蚀性的水
L06	57.73	锅垢很少的水	-4.60	软垢质的水	547.40	起泡	-4.71	半腐蚀性的水
L07	454.54	锅垢多的水	0.83	硬垢质的水	983.10	起泡	-2.30	非腐蚀性的水
L08	94.94	锅垢很少的水	-3.40	软垢质的水	598.68	起泡	-5.75	非腐蚀性的水
L09	40.66	锅垢很少的水	-5.74	软垢质的水	377.37	起泡	-3.88	非腐蚀性的水
L10	46.95	锅垢很少的水	-4.40	软垢质的水	319.64	起泡	-3.42	非腐蚀性的水
L11	159.40	锅垢少的水	0.43	软—硬垢质的水	360.72	起泡	-1.96	非腐蚀性的水

孔号	成垢作用				起泡作用		腐蚀作用	
	锅垢总量（H0）		锅垢系数（Kn）		起泡系数（F）		腐蚀系数（Kk）	
	实测值	评价	实测值	评价	实测值	评价	实测值	评价
L12	96.33	锅垢很少的水	−1.94	软垢质的水	425.52	起泡	−4.29	非腐蚀性的水
L13	96.08	锅垢很少的水	−0.32	软垢质的水	334.54	起泡	−2.13	非腐蚀性的水
L14	250.32	锅垢多的水	0.63	硬垢质的水	469.94	起泡	−0.83	非腐蚀性的水
L15	240.42	锅垢少的水	0.66	硬垢质的水	485.20	起泡	−0.87	非腐蚀性的水
L16	189.52	锅垢少的水	0.82	硬垢质的水	243.63	起泡	−0.84	非腐蚀性的水
观2	94.94	锅垢很少的水	−2.90	软垢质的水	590.19	起泡	−5.70	非腐蚀性的水
观3	112.45	锅垢很少的水	−2.28	软垢质的水	626.73	起泡	−5.59	非腐蚀性的水

3.3.4 地下水水质混合预测

拟选水源地地下水主要补给来源为第Ⅰ含水岩组的垂直越流补给量、第Ⅱ含水岩组的侧向径流补给量及含水岩组的自身弹性释水量。在开采降落漏斗范围内，第Ⅰ含水岩组地下水水质复杂，部分地区溶解性总固体大于1 g/L。第Ⅱ含水岩组地下水溶解性总固体大部分地区小于1 g/L，局部地段溶解性总固体含量大于1 g/L。为了预测水源地在开采条件下水质变化趋势，采用补给水量溶质浓度混合法预测拟选水源地在开采20年的水质变化趋势。

在不考虑地层弥散、吸附、溶解条件下，溶解性总固体不同的地下水混合后，依据下列公式预测水质变化趋势：

$$M = \frac{\sum\limits_{i=1}^{n} (Q_i \cdot m_i)}{\sum\limits_{i=1}^{n} Q_i}$$

式中：

M——混合后溶解性总固体（g/L）；

Q_i——各项补给量（万 m^3/d）；

m_i——溶解性总固体（g/L）。

（1）越流补给量混合后水质

井群开采20年，开采目的层的降落漏斗范围内，越流补给层不同地段的面积计算越流补给量，混合后地下水溶解性总固体见图3-23，计算结果见表3-28。

表3-28　第 I 含水岩组越流补给量水质预测表

漏斗分区	面积（km²）	水量（万m³/d）	单位水量（万 m³/km²·d）	计算分区	面积（km²）	水量（万m³/d）	溶解性总固体（g/L）	加权值	溶解性总固体（g/L）
I区	11.57	2.395	0.207	I₁	2.523	0.522	0.776	0.405	1.018
				I₂	9.050	1.873	1.085	2.032	
				小计	11.57	2.395		2.438	

续表

漏斗分区	面积（km²）	水量（万m³/d）	单位水量（万m³/km²·d）	计算分区	面积（km²）	水量（万m³/d）	溶解性总固体（g/L）	加权值	溶解性总固体（g/L）
II区	7.33	0.469	0.064	II₁	2.143	0.137	0.782	0.107	
				II₂	5.194	0.332	1.178	0.392	1.062
				小计	7.336	0.470		0.499	
III区	20.33	0.821	0.0404	III₁	1.029	0.041	0.722	0.030	
				III₂	18.976	0.767	1.085	0.832	1.061
				III₃	0.332	0.013	0.767	0.010	
				小计	20.337	0.821		0.872	
合计	39.247	3.685			39.247	3.685		3.808	1.033

（2）侧向径流补给量混合后水质

第 II 含水岩组降落漏斗范围外，不同补给地段长度见图3-24，计算侧向径流补给量，其混合后地下水溶解性总固体计算结果见表3-29。

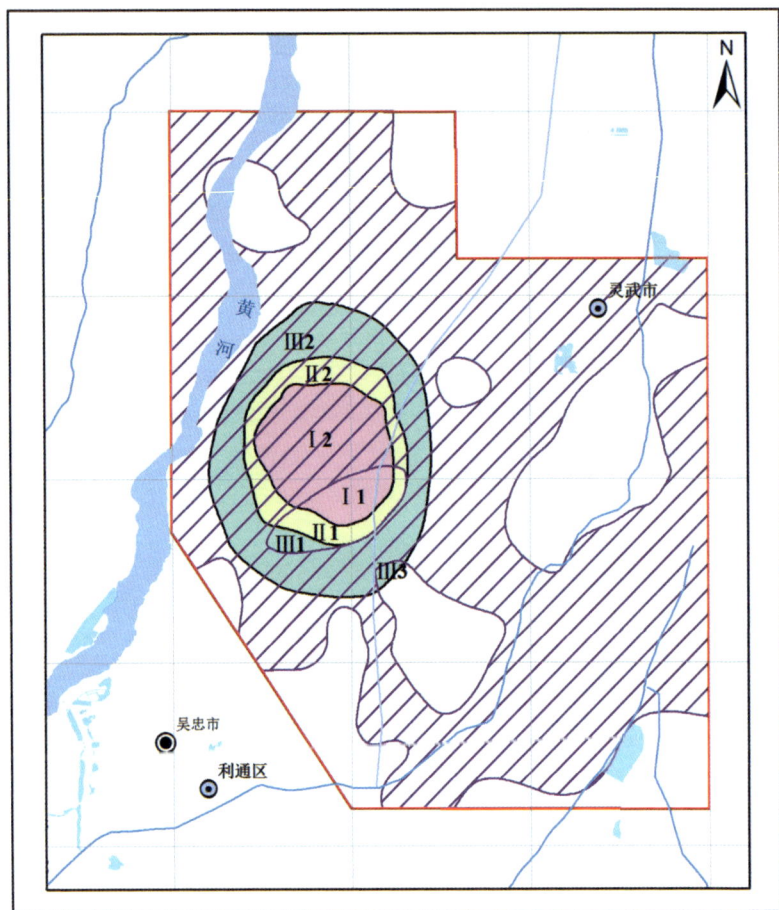

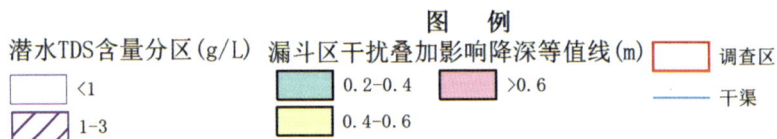

图3-23 第 I 含水岩组TDS越流补给水质分区图

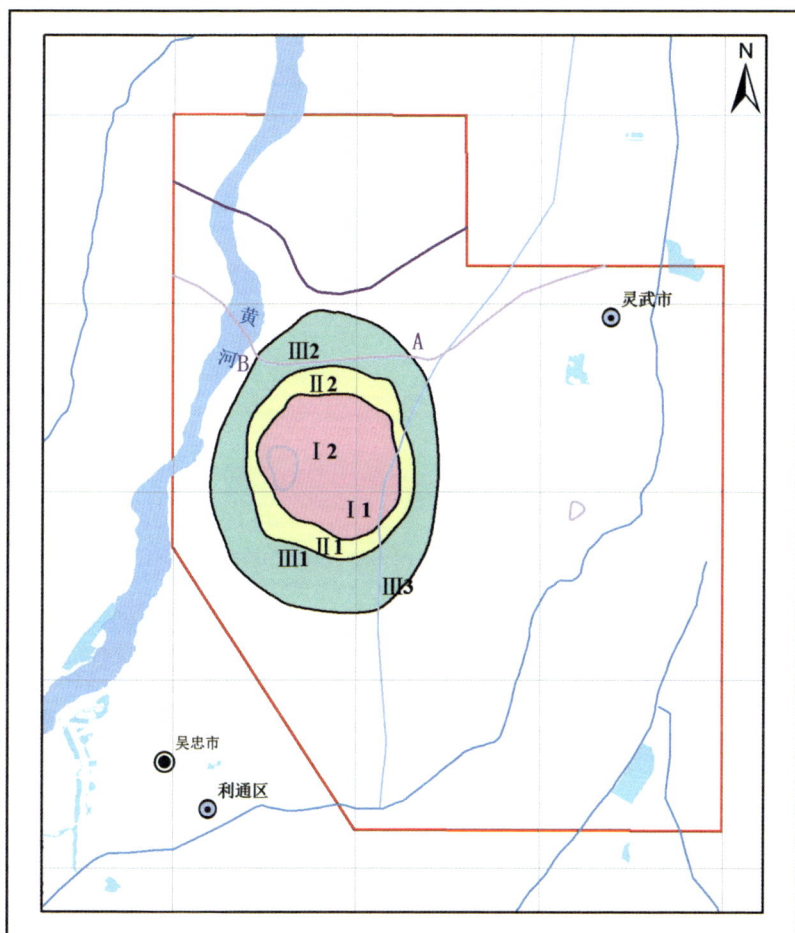

图 例

TDS含量（g/L）　漏斗区干扰叠加影响降深等值线(m)

—— 1	0.2-0.4	>0.6
—— 1.5	0.4-0.6	

调查区

—— 干渠

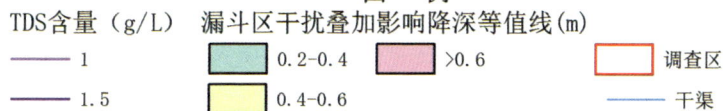

图3-24　第Ⅱ含水岩组TDS侧向补给水质分区图

表 3-29　第Ⅱ含水岩组侧向补给量水质预测

含水岩组	漏斗长度（km）	补给量（万m³/d）	单位水量（万m³/km·d）	计算段号	长度（km）	水量（万m³/d）	溶解性总固体（g/L）	加权值	溶解性总固体（g/L）
Ⅱ	22.657	1.430	0.063	AB	5.121	0.323	1.01	0.326	0.654
				BA	17.536	1.107	0.55	0.609	
				合计	22.657	1.430		0.935	

（3）弹性释水量混合后水质

降落漏斗范围内不同地段面积，计算弹性释水量，混合后地下水溶解性总固体计算结果见表3-30。

表 3-30　第Ⅱ含水岩组弹性释水量水质预测表

含水岩组	漏斗分区	面积（km²）	水量（万m³/d）	溶解性总固体（g/L）	加权值	溶解性总固体（g/L）
Ⅱ	漏斗Ⅰ区	11.57	0.00056	0.68	0.000381	0.658
	漏斗Ⅱ区	7.33	0.0001	0.55	0.000055	
	漏斗Ⅲ区	20.337	0.0002	0.65	0.00013	
	合计	39.247	0.00086		0.000566	

最终混合后地下水溶解性总固体计算结果见表3-31。

表3-31 第Ⅱ含水岩组水质预测统计表

含水岩组	补给量项目	水量（万 m³/d）	溶解性总固体（g/L）	加权值	溶解性总固体（g/L）
Ⅱ	第Ⅰ含水岩组越流补给量	3.685	1.033	3.808	0.927
	第Ⅱ含水岩组侧向补给量	1.430	0.654	0.935	
	第Ⅱ含水岩组弹性释水量	0.00086	0.658	0.000566	
		5.116		4.744	

F^-离子混合预测计算与溶解性总固体计算方法相同。

①越流补给量混合后 F^- 离子

开采目的层的降落漏斗范围内，越流补给层不同地段的面积，计算越流补给量，混合后地下水 F^- 离子浓度见图3-25，计算结果见表3-32。

表3-32 第Ⅰ含水岩组越流补给量 F^- 离子浓度预测表

漏斗分区	面积（km²）	水量（万 m³/d）	单位水量（万 m³/km²·d）	计算分区	面积（km²）	水量（万 m³/d）	F^-离子浓度（mg/L）	加权值	氟离子（mg/L）
Ⅰ区	11.57	2.395	0.207	Ⅰ₁	10.081	2.087	0.8	1.6696	0.873
				Ⅰ₂	0.908	0.188	1.6	0.3008	
				Ⅰ₃	0.583	0.121	1.0	0.121	
				小计	11.57	2.395		2.0914	

漏斗分区	面积（km²）	水量（万 m³/d）	单位水量（万 m³/km²·d）	计算分区	面积（km²）	水量（万 m³/d）	F⁻离子浓度（mg/L）	加权值	氟离子（mg/L）
Ⅱ区	7.33	0.469	0.064	Ⅱ₁	1.873	0.120	0.6	0.072	0.768
				Ⅱ₂	0.936	0.060	1.6	0.096	
				Ⅱ₃	3.636	0.233	0.8	0.1864	
				Ⅱ₄	0.887	0.057	1.0	0.0057	
				小计	7.33	0.469		0.3601	
Ⅲ区	20.337	0.821	0.04	Ⅲ₁	16.534	0.667	1.0	0.667	1.028
				Ⅲ₂	0.412	0.017	1.6	0.0272	
				Ⅲ₃	1.003	0.040	1.1	0.044	
				Ⅲ₄	2.389	0.096	1.1	0.1056	
				小计	20.337	0.821		0.8438	
合计	39.247	3.685			39.247	3.685		3.2953	0.894

②侧向径流补给量混合后 F⁻ 离子

第Ⅱ含水岩组降落漏斗范围外，不同补给地段长度见图3–26，计算侧向径流补给量，其混合后 F⁻ 离子浓度计算结果见表3–33。

图 例

潜水氟离子含量分区（mg/L）　漏斗区干扰叠加影响降深等值线（m）　□ 调查区

<1　>2　　0.2-0.4　　>0.6　　—— 干渠

1-2　　0.4-0.6

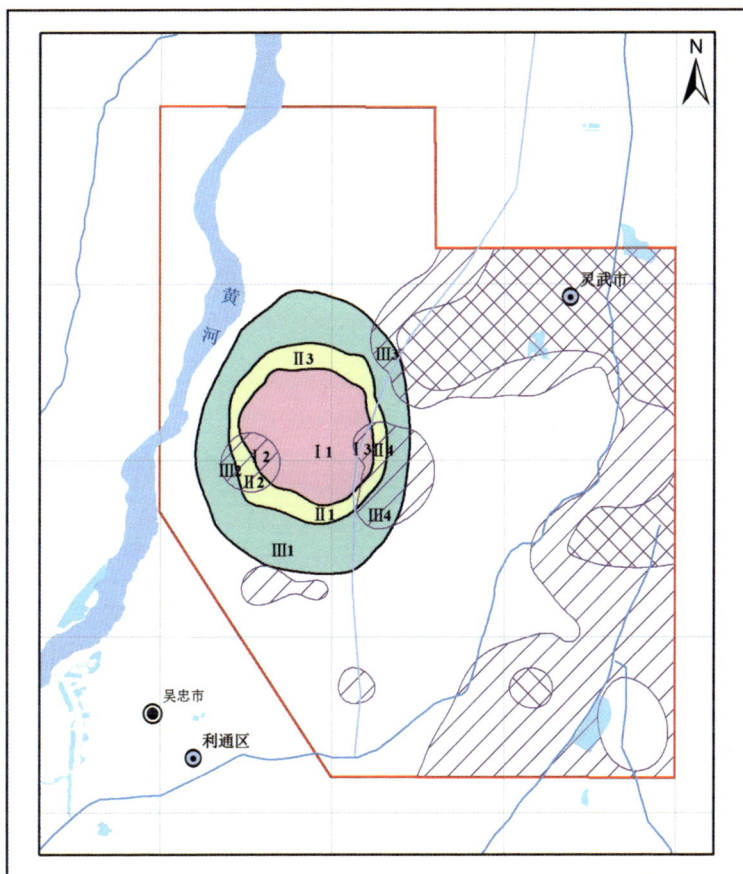

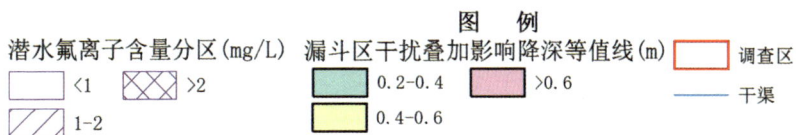

图3-25　第 I 含水岩组 F⁻ 离子越流补给分区图

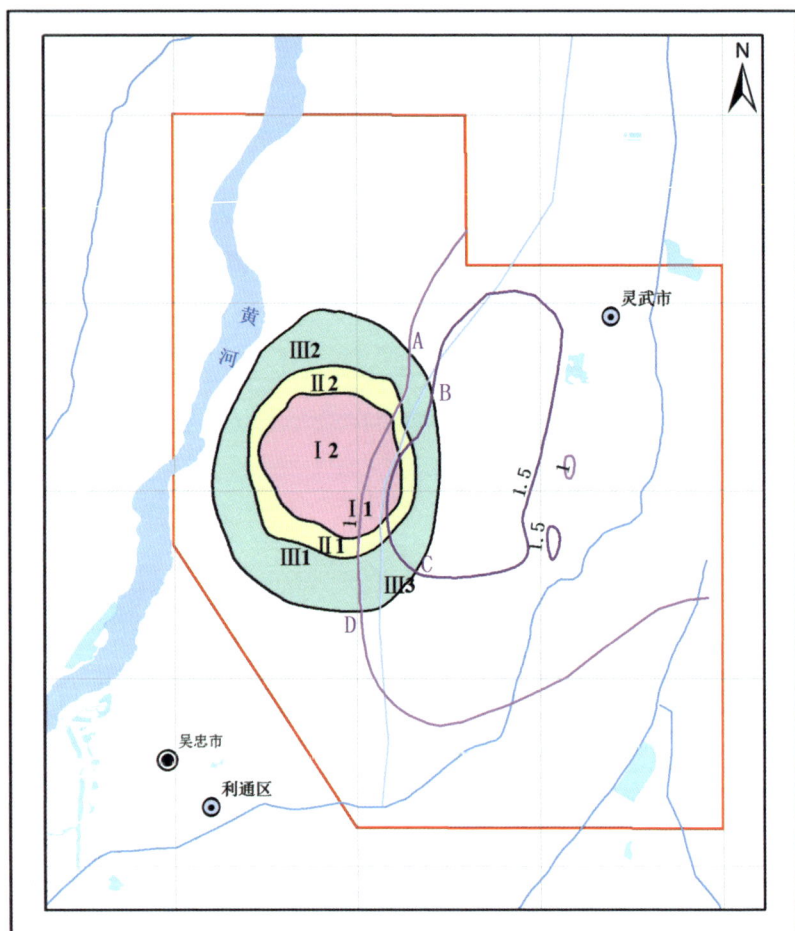

图3-26 第Ⅱ含水岩组F⁻离子侧向补给分区图

表3-33 第Ⅱ含水岩组侧向补给量F⁻离子浓度预测表

含水岩组	漏斗长度（km）	补给量（万 m³/d）	单位（万 m³/km·d）	计算段号	长度（km）	水量（万 m³/d）	F⁻离子浓度（mg/L）	加权值	氟离子（mg/L）
Ⅱ	22.657	1.430	0.063	BC	4.77	0.301	1.5	0.4515	0.863
				AB 和 CD	3.026	0.191	1.0	0.191	
				DA	14.861	0.938	0.63	0.5909	
				合计	22.657	1.430		1.2334	

注：计算段号位置见图3-25。

③弹性释水量混合后 F⁻离子

降落漏斗范围内不同地段面积，计算弹性释水量，其混合后 F⁻离子浓度计算结果见表3-34。

表3-34 第Ⅱ含水岩组弹性释水量F⁻离子浓度预测表

含水岩组	漏斗分区	面积（km²）	水量（万 m³/d）	F⁻离子浓度（mg/L）	加权值	氟离子（mg/L）
Ⅱ	漏斗Ⅰ区	11.57	0.00056	0.40	0.000224	0.437
	漏斗Ⅱ区	7.33	0.0001	0.58	0.000058	
	漏斗Ⅲ区	20.337	0.0002	0.47	0.000094	
	合计	39.247	0.00086		0.000376	

最终混合后地下水 F⁻ 离子计算结果见表3-35。

表 3-35　第Ⅱ含水岩组 F⁻ 离子预测统计表

含水岩组	补给量项目	水量（万 m³/d）	氟离子（mg/L）	加权值	氟离子（mg/L）
Ⅱ	第Ⅰ含水岩组越流补给量	3.685	0.894	3.2953	0.885
	第Ⅱ含水岩组侧向补给量	1.430	0.863	1.2334	
	第Ⅱ含水岩组弹性释水量	0.00086	0.437	0.000376	
		5.116		4.530	

经以上计算预测，水源地同步开采20年末，第Ⅱ含水岩组地下水各项补给量水质溶质混合后，溶解性总固体为0.927 g/L，各项补给量溶解性总固体预测见表3-31；第Ⅱ含水岩组地下水各项补给量水质溶质混合后，F⁻ 离子浓度为0.885 mg/L，各项补给量 F⁻ 离子预测见表3-35。

第4章 供水影响评价

4.1 水源地运行后对生态环境的影响

拟选水源地位于新华桥以东龙须滩村、河忠村一带灵武冲湖积平原上，含水层岩性颗粒粗，透水性好，具良好的贮存条件，即使在枯水季节，通过地下水含水层以丰补歉的特性，仍能达到采补平衡。水源地井内水位埋深18.615 m，因此水源地运行后不会对生态环境产生太大的影响。

4.2 对相邻水源地的影响

原灵武市崇兴镇水源地位于拟选水源地以东，灵武市区以南。1998年建成投产已有20年，评价地下水可开采资源量2万 m³/d，其补给来源主要为第Ⅰ含水岩组越流补给、侧向径流补给。拟选水源地补给来源同样主要为第Ⅰ含水岩组越流补给和侧向径流补给，同原崇兴镇水源地不同之处在于拟选水源地漏斗区范围内以农田为主，村庄和硬化路较少。经计算拟选水源地建成后，第Ⅰ含水岩组越流补给量为3.685万 m^3/d，地下水侧向径流补给量为1.430万 m^3/d，满足设计开采量4.8万 m^3/d 的开采需求。另外，在拟选水源地范围内有3眼散井用于农灌，均为第Ⅰ含水岩组开采井，日开采量很小，约为1000~1200 m^3/d 且间歇性开采，所以水源地建成后对其不会产生影响。经计算，原崇兴镇水源地降落漏斗与拟选水源地降落漏斗相距0.8 km，没有重叠，且原崇兴镇水源地在拟选水源地建成后，现状开采井将逐步停采、涵养并作为后备水源地使用。因此拟选水源地建成后不会对其他水源地造成影响。

第5章 地下水资源管理与保护

5.1 水源地保护区划分

5.1.1 划分原则

（1）合理布局原则。地下水饮用水源保护区划分应根据水源地所处的地理位置、水源地水文地质条件、供水量、开采方式和污染的分布划分。

（2）水质和水量兼顾原则。地下水水源地应在保证水量的基础上，保护区的水质也需要满足相应标准。

（3）优先保护原则。水源地保护区的设置和划分应优先于水环境功能区与水功能区划分。

（4）协调统一原则。在社会经济发展规划和水污染防治规划中应加入饮用水水源保护区的设置，并与当地规划发展协调统一。在确保饮用水水质的基础上，划定的水源保护区范围尽可能小。

5.1.2 水源地保护区划分

根据国家环境保护行业标准《饮用水水源保护区划分技术规范》（HJ/T338—2007）中地下水饮用水水源保护区的划分方法进

行划分，以布井区为界，溶质质点迁移100天的距离为半径所圈定的范围为一级保护区，降落漏斗区为二级保护区。

影响半径的经验公式：

$$R = a \times K \times I \times T / n$$

式中：

R——影响半径（m）；

a——安全系数，一般为150%（为了安全起见，在理论计算的基础上加上一定量，以防未用水量的增加以及干旱期影响造成的扩大）；

K——含水层渗透系数（m/d）；

I——水力坡度（为漏斗范围内的水力平均坡度）；

T——污染物水平迁移时间（d）；

n——有效孔隙度。

根据勘探，选取的参数 K=6.995 m/d，I=0.0042（为漏斗范围内的水力平均坡度），n=0.25（细砂有效孔隙度）。

通过计算溶质质点迁移100天，影响半径 R=17.95 m，因此一级保护区面积为8.476 km^2，二级保护区为降落漏斗区即39.247 km^2（图5–1）。

5.2 水源地理论生态保护红线和环境功能保护区界线

5.2.1 划分原则

（1）按照《饮用水水源保护区划分技术规范》（HJ/338—2007）划分方法，根据宁夏实际水文地质条件确定基础生态保护

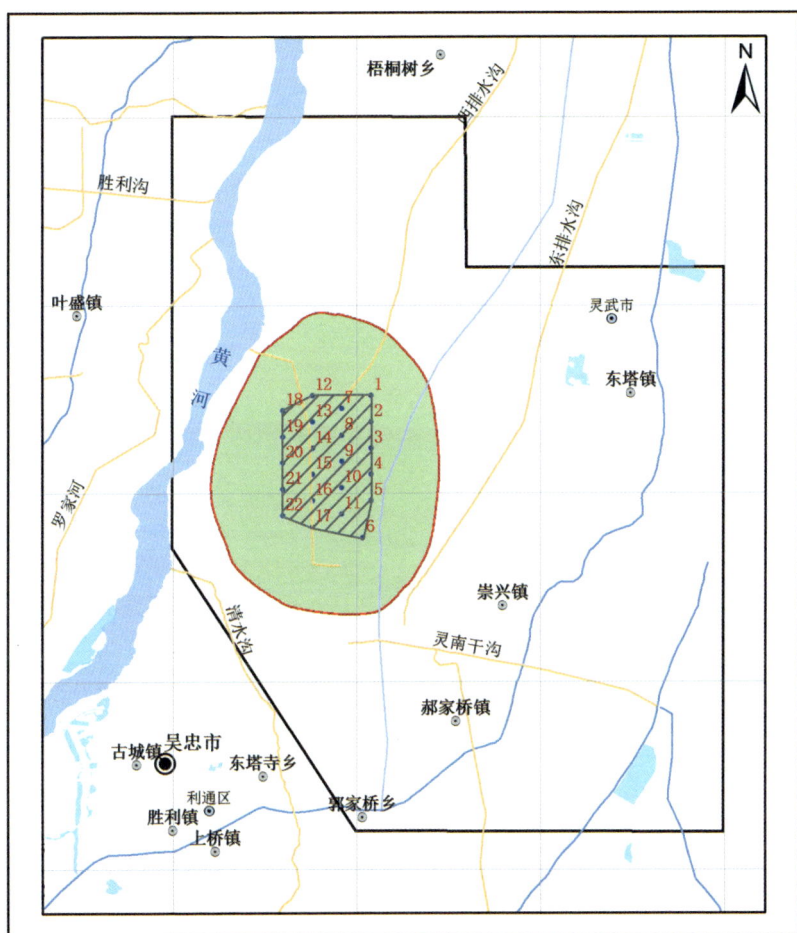

图5-1 水源地保护区

红线和环境功能保护区的划分范围，基础生态保护红线和环境功能保护区边界根据水源地及周围环境，地形、地貌，取水点的位置，与影响水源地水质的重要建筑物、构筑物的关系，水域污染类型、污染特征、污染源分布、排水渠分布、水源地规模、水量需求、社会经济发展规模和环境管理水平等因素，保证划分的生态保护红线和环境功能保护区在涉及水文条件、污染负荷及供水量时水质能满足相应的标准。

（2）地下水集中供水水源地生态保护红线和环境功能保护区水质各项指标不得低于 GB/T14848 中的Ⅲ类标准。

（3）确定地下水水源地生态保护红线和环境功能保护区划分的技术指标，应考虑以下因素：当地的地理位置、水温、气象、地质特征、水动力特征、水域污染类型、污染特征、污染源分布、排水渠分布、水源地规模、水量需求。

（4）划定的水源地生态保护红线和环境功能保护区范围应防止水源地附近人类活动对水源的直接污染；应足以使所选定的主要污染物在向取水点输移的过程中，衰减到所期望的浓度水平；在正常情况下保证取水水质达到规定要求；一旦出现污染水源的突发事件，有采取紧急补救措施的时间和缓冲地带。

（5）在确保饮用水水源地水质不受污染的前提下，划定的水源地生态保护红线和环境功能保护区范围应尽可能小。

（6）地下水集中供水水源地理论生态保护红线和环境功能保护区界线的划定要结合宁夏空间发展规划及人类活动情况来综合判定，相互协调，适度调整，增强保护区范围划定的认同性和落地的实效性。

5.2.2　界线确定

参照《宁夏回族自治区地下水集中供水水源地保护区划定方案》，工作区为第四系松散岩类孔隙水，因此生态保护红线范围以布井区外围为边界，外扩一个影响半径R（R由溶质迁移100天计算所得），影响半径大于经验值时，生态保护红线范围按照经验值划定（表5-1）；环境功能保护区范围为降落漏斗中心到边界距离三分之二的区域（图5-2）。

通过计算生态保护区面积为8.476 km²，环境功能保护区面积为14.318 km²。

表 5-1　孔隙水水源地保护区范围经验值

介质类型	一级保护区半径 R（m）	二级保护区半径 R（m）
细砂	30~50	300~500
中砂	50~100	500~1000
粗砂	100~200	1000~2000
砾石	200~500	2000~5000
卵石	500~1000	5000~10000

5.3　水源地保护建议

（1）各级政府及相关部门向社会公布地下水集中供水水源地生态保护红线和环境功能保护区地理界线，并在生态保护红线和环境功能保护区设置标志牌、警示牌、界碑、界桩等。

（2）生态保护红线区内禁止新建、改建、扩建与供水无关的

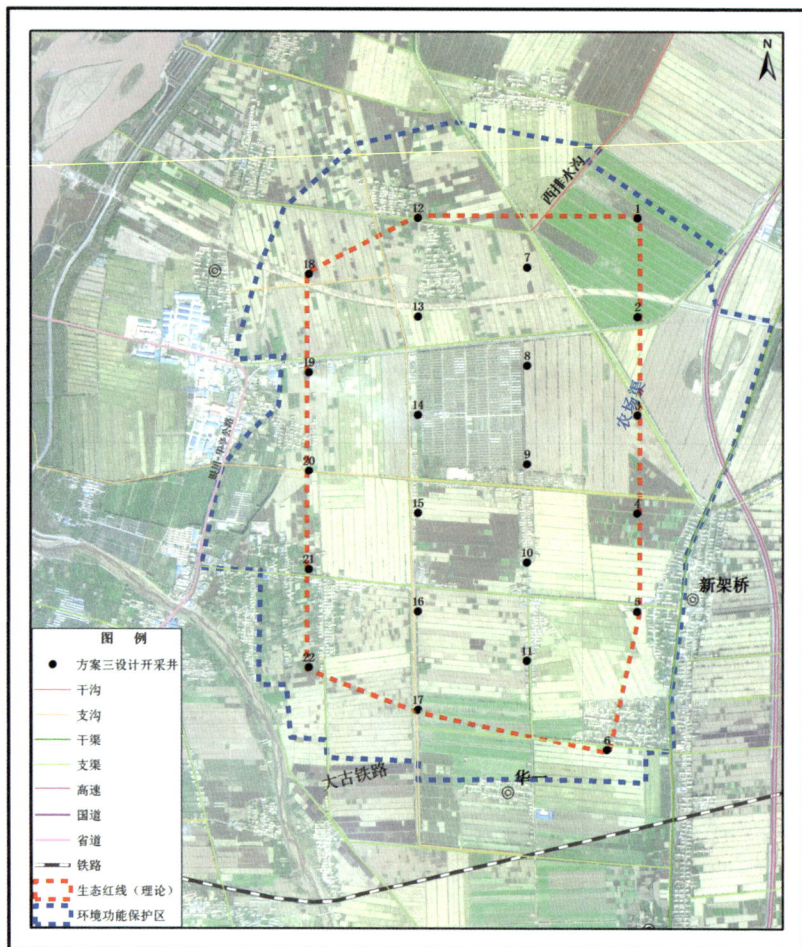

图5-2　生态红线及环境功能保护区范围

建设项目，已有的排污口责令限期拆除或改道，违章建筑物责令限期拆除或搬迁；禁止设置排污口向地表水域排放污水；禁止倾倒和集中堆放工业废渣、生活垃圾、粪便及其他废弃物；禁止使用剧毒和高残留农药从事可能污染水源的活动；禁止大量放养牲畜、家禽；禁止装载有毒有害的物质（油类、粪便）而无防渗、防溢、防漏设施的车辆通过生态保护红线范围；生态保护红线区内有排污沟的，应对排污沟进行搬迁处理。

（3）环境功能保护区内禁止设置排污口直接或间接向地表水体排放工业废水和生活污水；禁止新建、改建、扩建与供水无关的建设项目；禁止堆放、存储、填埋或者向地表水体倾倒工业废渣、生活垃圾、粪便及其他废弃物；禁止使用剧毒和高残留农药及其他有毒物质捕杀水生动物；禁止装载有毒有害的物质（油类、粪便）而无防渗、防溢、防漏设施的车辆通过生态功能保护区；禁止对地表水体造成污染的其他行为；禁止自备井、散井进行地下水开采活动；生态功能保护区内有排污沟的，应对排污沟进行搬迁处理。

第6章 结论

6.1 结论

本书是在充分搜集、整理前人地质、地貌、构造及水文地质资料的基础上，通过水文钻探、抽水试验、水文电测井、实验室分析及地下水的动态长期观测等手段所取得的大量资料编制而成。通过勘察取得了如下结论意见：

1. 查明了研究区范围内埋深260 m以上潜水含水层、承压含水层的岩性、厚度、水质、水量及补、径、排条件。

第 I 含水岩组含水层厚度一般为25~50 m，在灵武市附近厚度最大，向南逐渐变薄，水位埋深1.12~5.84 m，一般可使地下水具有微承压性，地下水流向基本呈南东 – 北西向，该含水岩组富水性好，出水量一般大于2000 m³/d。该层水水质变化较大，溶解性总固体含量0.5~4.5 g/L，氟化物含量0.2~5.89 mg/L。由于其埋藏浅，且易受污染，故不能作为开采目的层。

第 II 含水岩组顶板埋深35~55 m，底板埋深140~160 m，该层水富水性较强，单井出水量2700~4700 m³/d。大部分地段水质较好，溶解性总固体含量0.36~1.23 g/L，氟化物含量0.98~1.48 mg/L，在新华桥北部氟化物含量只有0.2~0.47 mg/L，水质好，分布面积较大，水质除个别次要离子超标外，大部分主要离子完全满足生活饮用水水质标准，是勘探主要目的层。

第Ⅲ含水岩组埋深140~160 m以下，250~275 m以上。分布范围与第一承压含水岩组基本一致。含水层厚度一般65~110 m，富水性强，单井出水量2500~3800 m³/d，水质也相对较为复杂，个别孔水质较好，溶解性总固体含量 0.61~1.024 g/L，在水源地布井区西部靠近黄河南北向氟化物含量相对较低，只有0.26~0.29 mg/L，但在布井区东北部灵武农场二队一带却达到3.76 mg/L，锰离子明显超标。在布井区东南部也达到1.22 mg/L，锰离子也明显超标；水质主要离子基本满足生活饮用水卫生标准，因此第Ⅲ含水岩组也是今后灵武市后备水源地有待进一步勘探开发的可供选择地段。

2.第Ⅱ含水岩组水文地质参数见表6-1。

表6-1 第Ⅱ含水岩组水文地质参数

试验方法	T（m²/d）	S*	a（m²/d）	$\frac{K'}{M'}$（1/d）	B（m）	K（m/d）	R
非稳定流	870.65	1.45E-03	1.856E+06	8.53E-04	1035.67	6.995	286.44

3.拟选水源地选择在农场渠以西、河忠堡—新华桥以东、北起杨洪桥、南至大古铁路，开采方案拟建水源地面积约14.72 km²。

开采井群布置在勘察区的西部，即农场渠以西，村庄较少农田较多的宽阔地段。以井距700 m、排距800 m井群布井方案布井，南北向布井4排，共布井22眼，单井允许开采量2200 m³/d，总量4.8万 m³/d 是符合客观条件的。

通过干扰叠加法和开采强度法计算开采井在开采20年后最大水位降深，干扰叠加法预测第Ⅱ含水岩组开采井井壁最大埋深为13.087 m，井内最大埋深为18.776 m；开采强度法预测第Ⅱ含水岩组开采井中心井壁最大埋深为14.236 m，井内最大埋深为19.925 m，均未超过允许降深40m，说明该水源地布井合理，单井允许开采量限制可行。

通过均衡法和数值法计算，设计水源地开采条件下补给量分别为5.116万 m³/d 和4.91万 m³/d，地下水总开采量为4.8万 m³/d，开采条件下总补给量基本大于总开采量，水源地开采量有保证。评价的允许开采量满足《供水水文地质勘察规范》（GB50027—2001）"B"级精度的要求。

生活饮用水及一般锅炉用水评价结果认为：水源地布井区内第Ⅱ含水岩组水质按照国家标准《生活饮用水卫生标准（GB5749—2006）》和《地下水质量标准》（GB/T14848—92）的规定标准对照，布井区内地下水质量评价为可供饮用的地下水，经水源地运行20年综合评价，除个别次要离子超标外，主要离子完全适用于集中式生活饮用水水源。第Ⅱ含水岩组地下水各项补给量水质溶质混合后，溶解性总固体为0.927 g/L，氟离子为0.885 mg/L。一般锅炉用水评价通过对水的成垢作用、腐蚀作用和起泡作用的综合评价认为地下水均为锅垢少、沉淀物较少、软—硬垢质、半起泡的半腐蚀性水。

综上所述，地下水资源量是在现有引黄灌溉渠道引水量、农田灌溉定额条件下计算得出的，通过勘探阶段的工作，提供了水质满足生活饮用水卫生标准，达到 B 级精度的可开采资源量4.8万 m^3/d。

6.2 建议

灵武市新扩充勘探的水源地（第二水厂供水水源地）位于盐灵台地以西的冲湖积平原中，其自然环境较好，降雨量集中在6—9月，蒸发量大，农作物耕作普遍带有季节性，如不节制开采地下水，将会导致局部水位降深过大，改变地下水的水力性质，难免要和农田耕作抢水，造成不必要的矛盾。因此在此区内采取措施，保护地表植被覆盖层，保护生态环境，减少灾害损失已是不可忽视的安全措施。

1. 应严格按机井说明书要求合理使用机井。

2. 以设计开采方案布井，水源地同步开采20年末，经水质分析和混合预测，溶解性总固体和氟化物含量均未超标。但在布井区范围内有个别设计孔位（因地质沉积环境变化，勘探过程中已发现有超标）处于单项溶解性总固体含量或氟离子超标界线外，为保证水源地开采井未全部建成前投入使用而造成溶解性总固体及氟化物含量过高，对开采井的建设及开采顺序提出要求。应以7#，8#，9#，10#，11#，12#，13#，14#，15#，16#，17# 井做为优先建设进行开采并网使用，根据建设情况将1#，2#，3#，4#，5#，6# 井可做为第二步建设井进行并网开采使用，18#，19#，20#，21#，22# 井做为最后建设开采井进行并网使用。

3. 开采期间应加强地下水动态及水质（含氟离子）监测工作，以便及时发现问题，随时调整开采方案。

4. 在拟建的水源地降落漏斗范围外围设立保护带，在保护带内及上游地区，严禁建立易造成环境污染危害的工厂，严禁堆积、掩埋含毒物质及排放污水。

5. 由于第Ⅰ含水岩组，在开采漏斗范围内，大多数均为农田、苇塘、鱼池等，应合理使用化肥、农药，以防止污染第Ⅰ含水岩组地下水，同时城市污水是地下水的一个重要污染源，应尽快对生活污水进行处理，以便减小对水源地污染程度。

6. 加强开采期地下水动态观测工作，应定时观测开采量及地下水位变化情况，定时采集水样化验，以监测开采期的水质变化规律。

7. 勘察区内第Ⅲ含水岩组钻孔资料较少，只对第Ⅲ含水岩组水文地质条件做了初步了解，分散设计了5个勘探孔，分别为L03、L06、观3、L14、L16号孔。但从勘探结果可知，发现以上五个孔水量在2500~3800 m³/d，水量较大。水质同样较好，溶解性总固体0.61~1.024 g/L，最为关注的氟离子含量0.26~1.22 mg/L，最大含量L16号孔3.76 mg/L（该孔在灵武市区附近，前人资料中已知氟离子超标），氟离子超标区均在农场渠以东，渠西基本和第Ⅱ含水岩组水文地质条件相似。纵观灵武市地下水资源分布情况，从水质、水量及可开发利用几个地段分析，勘探寻找的拟选水源地很有继续开发利用前景。今后，灵武市可适当投入勘探第Ⅲ含水岩组，以了解地层、水质及水量情况，可为灵武市经济长远大发展的后备水源地资料收集做准备。

参考文献

[1] 朱党生，张建永，程红光，等.城市饮用水水源地安全评价 I：评价指标和方法 [J].水利学报，2010，41（7）：778-785.

[2] 国家市场监督管理总局，国家标准化管理委员会.生活饮用水卫生标准 GB5749——2006[s].北京：中国标准出版社，2006.

[3] 中华人民共和国国家质量监督检验检疫总局，中国国家标准化管理委员会.地下水质量标准 GB/T14848—2017[s].北京：中国标准出版社，2017.

[4] 何俊江，地下水资源评价方法 [J].建筑工程技术与设计，2014（34）.

[5] 莫惠婷，秦皇岛市昌黎县地下水资源评价及保护方法研究 [D].天津大学，2014.

[6] 李晓英，顾文钰.水均衡法在区域地下水资源量评价中的应用研究 [J].水资源与水工程学报，2014，25（1）：87-90.

[7] 徐映雪，邵景力，崔亚莉，等.银川平原地下水流模拟与地下水资源评价 [J].水文地质与工程地质，2015，42（3）：7-12.

[8] 李志红，胡伏生，周文生，等.银川地区承压水水化学特征及控制因素 [J].水文地质工程地质，2017，44（02）：31-39.

[9] 方华山，银川地区水文地质条件分析及地下水水源地保护区划分 [D]. 长安大学，2009.

[10] 孙亚乔，钱会，张黎，等．银川地区地下水环境演化 [J]. 干旱区资源与环境，2006（05）：51-55.

[11] 于艳青，李英，等．银川平原与周边地区地下水补排关系研究 [M]. 阳光出版社．

[12] 柳凤霞，史紫薇，钱会，等．银川地区地下水水化学特征演化规律及水质评价 [J]. 环境化学，2019，38（09）：2055-2066.

[13] 宁夏回族自治区水文环境地质勘察院．银川市滨河新区供水水源地调查评价报告．银川：宁夏回族自治区水文环境地质勘察院，2015.

[14] 宁夏回族自治区水文环境地质勘察院．银川沿黄经济区水文地质环境地质调查成果报告．银川：宁夏回族自治区水文环境地质勘察院，2015.

[15] 宁夏回族自治区水文环境地质勘察院．银川平原地下水资源－经济－环境综合效应研究．银川：宁夏回族自治区水文环境地质勘察院，2007.

[16] 王利，王红英，郁冬梅，等．宁夏地下水资源评价 [R]. 银川：宁夏地质调查院，2002：53.

[17] 宁夏回族自治区地质局．宁夏回族自治区区域地质志 [M]. 北京：地质出版社，2016.

[18] 周特先．宁夏构造地貌．银川：宁夏人民出版社，2016.

[19] 梁杏，张人权，等．地下水流系统——理论应用调查 [M]. 北京：地质出版社．

[20] 陈崇希，林敏．地下水动力学 [M]. 武汉：中国地质大学出版社．

[21] 梁秀娟，迟宝明，等．专门水文地质学（第四版）[M]. 北京：科学出版社．

[22] 张人权，梁杏，等．水文地质学基础（第六版)[M]. 北京：地质出版社．